73

REIHE AUTOMATISIERUNGSTECHNIK

Herausgegeben von B. Wagner und G. Schwarze

FORTRAN
Kodierung von Formeln

Gerhard Paulin

VT

SPRINGER FACHMEDIEN WIESBADEN GMBH

ISBN 978-3-663-00540-7 ISBN 978-3-663-02453-8 (eBook)
DOI 10.1007/978-3-663-02453-8

Lektor: *Jürgen Reichenbach*

Bestellnummer: 8/3/4141 ES 20 K 2 DK 681.14

Ursprünglich erschienen bei VEB Verlag Technik, Berlin 1968

Einbandgestaltung: ***Kurt Beckert***

Eingetragene Schutzmarke des Warenzeichenverbandes Regelungstechnik e. V. Berlin

Vorwort

Zu der Ausrüstung einer Datenverarbeitungsanlage gehört heute eine Reihe von Programmen, die das Programmieren der Anlage erleichtern: Programmroutinen für die Organisation der Eingabe und Ausgabe von Daten, Programmroutinen für die Zusammenarbeit zwischen dem Hauptspeicher und peripheren Geräten, Programme zum Protokollieren des Programmablaufs eines auszuführenden Programms, Programme zum Berechnen der Funktionswerte spezieller häufig auftretender Funktionen und auch solche Programme, die nach bestimmten Regeln gebildete Pseudoprogramme in die Sprache einer Maschine umkodieren.

Zur Anfertigung von Pseudoprogrammen sind in den letzten Jahren synthetische Sprachen (Programmiersprachen) entwickelt und erprobt worden; die älteste und am häufigsten eingesetzte ist FORTRAN. Mittlere und vor allem große Rechenanlagen sind in den meisten Fällen in der Lage, FORTRAN zu übersetzen. FORTRAN ist eine für die Kodierung wissenschaftlich-technischer Rechnungen geschaffene Sprache, in diesem Sinn also mit ALGOL vergleichbar. Sie unterscheidet sich jedoch unter anderem darin, daß sie unter dem Gesichtspunkt einfacher Compilertechnik angelegt ist, daß sie die Arbeit mit alphanumerischen Zeichen bequem zuläßt und dem Geschick des Programmierers Möglichkeiten einräumt, rationell den Speicher der Anlage einzusetzen.

Diese Einführung in FORTRAN ist so angelegt, daß im ersten Band dargestellt wird, wie mathematische Formeln in FORTRAN dargestellt werden können, wobei — bis auf einige Hinweise am Ende — stets vorausgesetzt wird, daß die Daten in der Anlage gespeichert vorliegen oder daß Eingabebefehle in vorhergehenden Programmteilen existieren, die die Daten zur Verfügung stellen.

Im Band „FORTRAN — Datentransport und Unterprogramme" wird gezeigt, wie die Eingabe und Ausgabe von Daten erfolgt und in welcher Weise Unterprogramme in FORTRAN-Programme einbezogen werden können.

Vom Leser, der sich mit FORTRAN anhand dieser Bände beschäftigen will, wäre zu fordern, daß er über den prinzipiellen Aufbau einer Datenverarbeitungsanlage informiert ist und Grundbegriffe der Programmierungstechnik kennt.

In bezug auf die Beispiele ist versucht worden, geläufige mathematische Begriffe und Beziehungen zu verwenden. Wo — aus Gründen der Vollständigkeit — in der Darstellung über Schulkenntnisse hinausgegangen wird, ist es meist möglich, diese Teile bei einem ersten Durcharbeiten zu übergehen (etwa spezielle Funktionen in der Liste der Standardfunktionen). Die Beispiele sind im übrigen nur dem unmittelbar erläuterten Sachverhalt angepaßt.

Ich habe versucht, die Darstellung so abzufassen, daß sie auch für eine Durcharbeitung im Selbststudium geeignet ist. Diesem Zweck dienen auch die Übungen und Lösungen.

Für die Hinweise und Ratschläge bei der Entstehung dieser Bände möchte ich mich bei Herrn *Werner Wendt*, Herrn Dr. *Christian Polze* und bei Herrn Dr. habil. *Gunter Schwarze* bedanken.

Gerhard Paulin

Inhaltsverzeichnis

1. Algorithmische Formulierung von mathematischen Aufgaben

Es ist allgemein üblich, zwischen reiner Mathematik und numerischer Mathematik zu unterscheiden. Bei einer groben Beschreibung dieser beiden Teile könnte man sagen, daß von seiten der reinen Mathematik mathematische Objekte (Gleichungen, geometrische Figuren usw.) untersucht, allgemeingültige Sätze formuliert und zu einem theoretischen Gebäude zusammengefaßt werden. Zum Teil liefern dabei die Beweise von Sätzen auch die Konstruktionsverfahren für die Lösung eines speziellen mathematischen Problems. Oftmals sind aber der Beweis eines Satzes und das Aufsuchen der durch den Satz gelieferten Eigenschaften zwei ganz verschiedene Dinge, so daß trotz gesicherter Aussagen über die Existenz von Lösungen eines mathematischen Problems die Angabe dieser Lösungen erhebliche Schwierigkeiten macht. Solche Verfahren zu entwickeln, die die Konstruktion der Lösungen gestattet, ist ein wesentliches Anliegen der numerischen Mathematik. Man denke etwa daran, daß man mit Hilfe der Algebra beweisen kann, daß ein Polynom vom Grade n genau n Nullstellen hat. Über die Konstruktion dieser Nullstellen kann man ferner aussagen, daß Nullstellen von Polynomen, deren Grad größer oder gleich 5 ist, nicht mehr durch Radikale dargestellt werden können. Damit ist das Problem jedoch nicht erledigt; denn praktische Erfordernisse zwingen dazu, die Nullstellen von Polynomen auch dann zu ermitteln, wenn sie nicht durch Radikale angegeben werden können. Es müssen also Verfahren geschaffen werden, die eine Nullstellenbestimmung mit einer gewünschten Genauigkeit ermöglichen.

Jedoch auch dann, wenn von der Theorie her Verfahren zur Konstruktion von Lösungen angegeben werden können, kann es sein, daß diese Verfahren viel zu aufwendig sind, wenn sie explizit angewendet werden sollen. So ist z. B. das Lösen des linearen Gleichungssystems $\mathfrak{A}\mathfrak{x} = \mathfrak{b}$ prinzipiell eindeutig möglich, wenn die Determinante der Koeffizientenmatrix nicht 0 ist. Versucht man das jedoch für ein System von vielleicht 40 Gleichungen mit 40 Unbekannten, wenn die Koeffizienten durch dreistellige Zahlen gegeben sind, so merkt man sehr schnell, daß das „manuell" in einer sinnvollen Zeit nicht möglich ist.

Diese Schwierigkeit, die Rechnungen numerisch durchzuführen, hat dazu geführt, daß technische Hilfsmittel entwickelt worden sind, um einen Teil der Routinearbeit rationeller zu gestalten: Zahlentafeln — sie mögen auch hinzugerechnet werden —, der Rechenstab, Addiermaschinen, elektromechanische Tischrechenmaschinen und seit den vierziger Jahren elektronische Digitalrechner[1]) und elektronische Analogrechner. In den folgenden zwanzig Jahren konzentrierten sich die Entwicklungsarbeiten in erster Linie auf die technische Vervollkommnung, so daß heute elektro-

[1]) Der erste Digitalrechner, arbeitend mit Relais, wurde 1941 von *Konrad Zuse* gebaut.

nische Digitalrechner auf den unterschiedlichsten Gebieten der Wissenschaft und der Wirtschaft eingesetzt werden können.

Die Entwicklung von Rechenanlagen mit großem Speichervermögen und hohen Arbeitsgeschwindigkeiten warf sehr bald die Frage auf, wie es möglich ist, diese Anlagen so mit Programmen zu versorgen, daß keine Stillstandzeiten entstehen. Die Programmierung der Anlagen erfolgte ursprünglich in einem Kode, der von der Anlage unmittelbar verarbeitet werden konnte, wenn er nur in maschinenlesbarer Form fixiert war. Die Entwicklung schnellerer und größerer Automaten zeigte dann die Mängel, die diesem Verfahren des Programmierens anhaften[1]):

1. Der Programmierer muß sich auf die technischen Besonderheiten eines jeden Maschinentyps einstellen.
2. Für dasselbe mathematische Problem müssen für jeden Maschinentyp Programme hergestellt werden.
3. Programme, die in einem Maschinenkode geschrieben wurden, sind schwer lesbar, weil die logische Struktur des programmierten Verfahrens verlorengeht (etwa durch Organisationsbefehle und Adreßbefehle). Das macht sich besonders bei umfangreichen mathematischen Formeln sehr störend bemerkbar.
4. Die Programmierung in einem Maschinenkode ist erfahrungsgemäß recht fehleranfällig, und zwar vor allem wegen der Benutzung absoluter Adressen und der Aufspaltung komplexer Anweisungen in Elementaranweisungen.
5. Die Zeit, die für das Programmieren und Lochen benötigt wird, steht nicht in einem vernünftigen Verhältnis zu der Zeit, in der der Automat diese Programme verarbeitet.

Auf der Suche nach Programmiererleichterungen wurde vorgeschlagen, Pseudokodes zu schaffen, die diese genannten Schwierigkeiten nicht haben und die auf Grund eines einmalig für einen Maschinentyp anzufertigenden Programms von der Maschine selbst in ein Maschinenprogramm umkodiert werden können. Die Korrespondenz zwischen dem Menschen und der Maschine sollte also so vor sich gehen: Der Mensch beschreibt in einer seinen Arbeitsgewohnheiten angepaßten Weise das Verfahren (er stellt das Quellenprogramm her), das Programm wird in eine maschinenlesbare Form übertragen (Ablochung), die Maschine übersetzt es in den Kode des speziellen Automatentyps (sie stellt das Objektprogramm her) und realisiert es danach.

Der Gedanke einer solchen von der Rechenanlage vorgenommenen Programmherstellung wurde erstmals anfangs der fünfziger Jahre ausgesprochen.[2]) Es folgten sehr bald gründlichere Untersuchungen, die auf internationaler Ebene zur Schaffung synthetischer Sprachen zur Beschreibung von Algorithmen führten, zu den Programmierungssprachen. Die älteste und heute noch am weitesten verbreitete Sprache ist FORTRAN[3]),

[1]) Maschinenorientierte Programmierung findet man u. a. in [1] [2] [3] [4].

[2]) *Rutishauser, H.*: Automatische Rechenplanfertigung bei programmgesteuerten Rechenmaschinen. Mitt. aus dem Institut für Angewandte Mathematik, Nr. 3. Zürich (1952).

[3]) Abkürzung für Formula Translation System.

obwohl erst 1963 Standards veröffentlicht worden sind. Als internationale Veröffentlichungs- und Programmiersprache wurde 1960 ALGOL[1]) für technisch-wisschschaftliche Rechnungen festgelegt [5] [6], für den kaufmännischen Sektor 1961 COBOL[2]) [7] [8]. FORTRAN ist in erster Linie für die Darstellung wissenschaftlich-technischer Rechnungen geeignet, jedoch auch für kaufmännische Probleme einzusetzen.
Das Programmieren elektronischer Datenverarbeitungsanlagen stellt sich somit heute folgendermaßen dar:

1. Es wird ein Verfahren ausgewählt, das dem zu behandelnden Problem angepaßt ist.
2. Das Verfahren wird algorithmisiert, d. h., es werden bis in alle Einzelheiten die Beschaffenheit und die Reihenfolge der auszuführenden Operationen festgelegt. Zur besseren Übersicht bedient man sich dabei geeigneter geometrischer Figuren, eines Flußdiagramms.[3])
3. Der Algorithmus wird in einer Programmiersprache niedergeschrieben und nach einem formalen Kode in ein Eingabemedium übertragen (oft in Lochkarten).
4. Von dem Eingabemedium wird das Programm in den Automaten übernommen und mit Hilfe eines Übersetzungsprogramms (eines Compilers) in ein Objektprogramm umgewandelt.

Gegenstand dieses Bandes ist die Behandlung von Punkt 3. Wenn umfangreichere Beispiele dargestellt werden, wird es darüber hinaus erforderlich sein, zur Veranschaulichung die Darstellungsmethoden von Punkt 2 heranzuziehen.

2. Darstellung von Algorithmen durch Flußdiagramme

Betrachten wir die folgende Aufgabe: $y = f(x)$ sei eine reellwertige Funktion einer reellen Veränderlichen. Es soll der Wert $y_0 = f(x_0)$ ausgerechnet werden, wenn

$$f(x) = ax^2 + \frac{b}{1 - \sqrt{ax^2 + bx + c}}$$

ist; a, b und c sind dabei konstante Werte.

Würde man das mit Papier und Bleistift, Zahlentafel und Rechenstab durchführen, so hätte man einige Zwischenwerte, etwa ax^2, bx, ax^2+bx+c, zu notieren, die man zum Schluß in der geforderten Weise verknüpft. All das muß ein elektronischer Digitalrechner auch durchführen. Dem No-

[1]) Abkürzung für Algorithmic Language.

[2]) Abkürzung für Common Business Oriented Language.

[3]) Derjenige, der eine Programmiersprache sicher beherrscht, wird im allgemeinen auf das Flußdiagramm verzichten und auch schon die logische Struktur des Programms in der Sprache fixieren. Für denjenigen jedoch, der eine Programmiersprache erlernt und somit diese Möglichkeit nicht hat, empfiehlt es sich, die Struktur des Programms erst in einem anschaulichen Flußdiagramm darzustellen und dieses Flußdiagramm dann in die Sprache umzusetzen.

tieren von Werten würde dabei ein Speichern der Werte entsprechen, wobei die Speicherplätze durch Buchstaben symbolisch bezeichnet sein könnten. Das Speichern von Zwischenwerten müßte zweckmäßigerweise durch ein besonderes Zeichen beschrieben werden. So könnte $A := ax^2$ bedeuten, daß auf dem Speicherplatz mit der Kennzeichnung A der Zwischenwert ax^2 „notiert“ wird.

Es sind in obiger Formel jedoch auch Entscheidungen zu fällen, nämlich ob $ax^2 + bx + c \geqq 0$ ist und ob $1 - \sqrt{ax^2 + bx + c} \neq 0$ ist. Bei einer automatischen Entscheidungsfindung müßten also Rechengrößen getestet werden können.

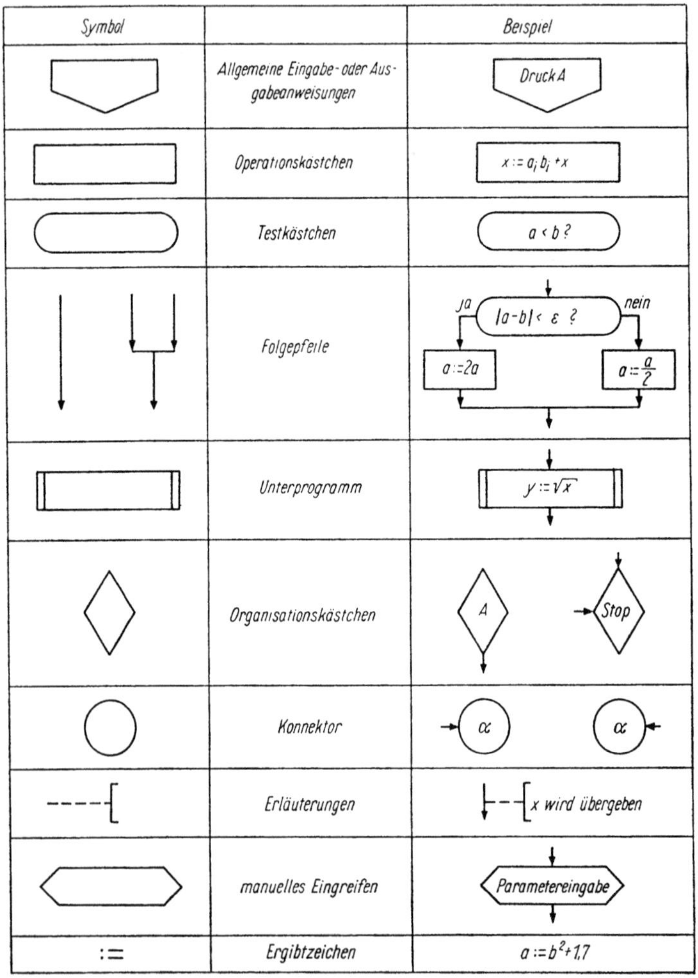

Bild 1. Symbole der Flußdiagrammtechnik

Will man die Formel algorithmisieren, so muß offensichtlich auch der Algorithmus die Ausführung von arithmetischen Operationen (**J**) einschließlich Wurzelziehen, das Notieren von Zwischenergebnissen und das Fällen von Entscheidungen beschreiben. Aus Gründen der einheitlichen Handhabung solcher Diagramme (vor allen Dingen in Veröffentlichungen) sind die Symbole, die bei der Darstellung von Algorithmen mit Hilfe von geometrischen Figuren verwendet werden, standardisiert worden.)[1]

Bild 1 zeigt die wichtigsten dieser Symbole.

Zur Erläuterung sei folgendes bemerkt:

1. Das Zeichen := weist dem *Namen* links vom Zeichen := den Wert zu, den der Ausdruck auf der rechten Seite des Zeichens hat. Dabei ist es durchaus erlaubt, daß ein linksstehender Name auch auf der rechten Seite auftritt, wie etwa in a := a+k. Die Summe a+k wird dort „notiert", wo bisher a stand, und ist im weiteren unter dem Namen a im Algorithmus zu verwenden.

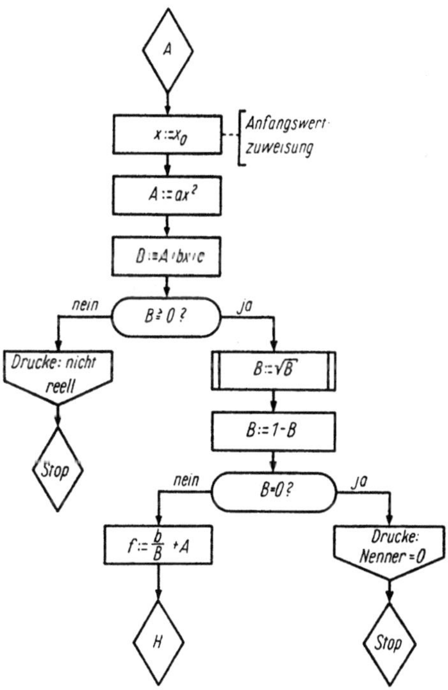

Bild 2. Beispiel zur Flußdiagrammtechnik

$$f(x_0) = ax_0^2 + \frac{b}{1 - \sqrt{ax_0^2 + bx_0 + c}}$$

[1]) Veröffentlicht in Rechentechnik, Verlag Die Wirtschaft (1966).

2. Unterprogramme (Symbol 5) sind nicht näher ausgeführte Algorithmen; es wird dabei vorausgesetzt, daß für diese Berechnungen bereits geeignete Algorithmen vorliegen.

Das zu Beginn angeführte Beispiel ließe sich jetzt wie im Bild 2 darstellen. Im übrigen dürfte diese Darstellungsform intuitiv klar sein. Es wird dem Leser jedoch empfohlen, sich mit den Übungen zu beschäftigen.

Übungen

Ü. 2.1. Man fertige ein Flußdiagramm für die Berechnung des Mittelwerts m von n Werten x_i, $1 \leqq i \leqq n$ an!

Ü. 2.2. Man fertige ein Flußdiagramm zur Berechnung des Mittelwerts m und des Streuungsquadrats $s^2 = \frac{1}{n-1}\left(\sum_{i=1}^{n} x_i^2 - nm^2\right)$ an!

Ü. 2.3. Man fertige ein Flußdiagramm zur Bestimmung der Nullstellen eines quadratischen Polynoms an!

Ü. 2.4. Man fertige ein Flußdiagramm zur Tabellierung der Funktion

$$f(x) = \sum_{\nu=0}^{\infty} \frac{x^\nu}{(\nu+1)(\nu+2)(\nu+3)}$$

im Intervall [0; 0,5] mit der Schrittweite $\Delta x = 0{,}01$ an!

(Lösungen oder Lösungshinweise am Ende des Bandes.)

3. Basissymbole von FORTRAN und Programmierformular

3.1. Allgemeines über den Aufbau von Programmiersprachen

Die Konstruktion einer synthetischen Sprache geht prinzipiell so vor sich, daß eine Menge von Symbolen festgelegt wird, die das Alphabet der Sprache darstellen (Basissymbole). Für die Verknüpfung dieser Symbole müssen dann Regeln formuliert werden. Konkret bedeutet das, daß festgelegt werden muß, welche Folgen dieser Symbole in der zu formulierenden Sprache zugelassen sind und welche nicht. Die Gesamtheit der Regeln, die zur Fixierung der Strukturen der Sprache dienen, nennt man die Syntax der Sprache. Darüber hinaus muß festgelegt werden, welche Bedeutung die als zulässig ausgezeichneten Folgen von Basissymbolen haben. Eine solche Festlegung über die Bedeutung einer syntaktischen Struktur nennt man die Semantik dieser Struktur. Die Gesamtheit dieser Festlegungen heißt die Semantik der Sprache.
Es ist ganz offensichtlich, daß die Festlegung der Semantik einer syntaktischen Struktur so getroffen werden muß, daß in keinem Anwendungsfall dieser Struktur Mehrdeutigkeiten in der Interpretation des Inhalts möglich sind. Man halte sich stets vor Augen, daß in den Festlegungen der Semantik implizit zum Ausdruck gebracht wird, wie die in einer syntaktischen Struktur enthaltenen Informationen verarbeitet werden.

Insgesamt muß man somit von der algorithmischen Sprache verlangen, daß von einer durch die Syntax definierten Struktur stets entschieden werden kann, ob sie in dieser Sprache zugelassen ist oder nicht (syntaktisch richtig oder syntaktisch falsch).
Ferner muß bei einer syntaktisch richtigen Folge von Basissymbolen die Bedeutung eindeutig angebbar sein.
Hier und im weiteren sind bei der Beschreibung von FORTRAN die Definitionen zugrunde gelegt worden, die von seiten der ASA[1]) erarbeitet und in [9] veröffentlicht worden sind. Die konkreten FORTRAN-Varianten, die von den Herstellerfirmen elektronischer Digitalrechner als Teil der Software[2]) der Anlagen herausgebracht worden sind, weichen hiervon manchmal ab. Das liegt einfach daran, daß die Herstellerfirmen die technischen Besonderheiten ihrer Anlagen in der Programmiersprache berücksichtigt wissen möchten, um einen optimalen Einsatz der Anlage und ein einfaches Programmieren zu gewährleisten. Letztlich ist aber die hier dargestellte Form von FORTRAN die Grundlage aller speziellen Varianten, in konkreten Versionen sind im allgemeinen weitere Ausdrucksmittel hinzugenommen.

3.2. Alphabet von FORTRAN

Jedes FORTRAN-Programm besteht aus Zeichen, die zeilenweise auf einem Formblatt angeordnet und zu Programmanweisungen zusammengefaßt sind.

Das FORTRAN-Alphabet umfaßt die folgenden Zeichen:

I. Buchstaben	A, B, C, D, E, F, G, H, I, J, K, L, M, N, O, P, Q, R, S, T, U, V, W, X, Y, Z	
II. Ziffern	0, 1, 2, 3, 4, 5, 6, 7, 8, 9	
III. Sonderzeichen	=	gleich (Ergibtzeichen)
	+	plus
	—	minus
	*	Stern
	/	Schrägstrich
	(	linke Klammer
	)	rechte Klammer
	,	Komma
	.	Punkt
	b	Leerzeichen[3])
	$	Währungssymbol

Um O von 0 (Null) zu unterscheiden, wird bei Programmzeilen auf dem Programmierformular Null als ø geschrieben.

[1]) ASA ist Abkürzung für American Standards Association.

[2]) Software bezeichnet die Gesamtheit von Unterprogrammen und Routineprogrammen, die zur Ausstattung einer Anlage gehören und die Programmierung erleichtern sowie den Einsatzbereich der Anlage vergrößern.

[3]) Das Zeichen *b* dient nur zur Symbolisierung des Leerzeichens, Abkürzung für blank.

Buchstaben und Ziffern werden unter der Bezeichnung alphanumerische Zeichen zusammengefaßt, wenn in dem Zusammenhang eine Trennung nicht nötig ist.
Eine Folge von Ziffern wird in üblicher Weise als Zahl interpretiert (s. Abschn. 4.).
(In einigen Fällen sind aber Oktalzahlen erforderlich, die dann durch die Oktalziffern 0, 1, 2, 3, 4, 5, 6, 7 ausgedrückt werden.)

3.3. Programmierformular

Wie schon erwähnt werden FORTRAN-Programme auf einem Vordruck niedergeschrieben. Bild 3 zeigt ein solches Programmformular mit Eintragungen. Das Formular hat 72 Spalten und in unserem Fall 22 Zeilen. Den Spalten entsprechen die ersten 72 Spalten auf der Lochkarte, die Spalten 73 bis 80 sind darüber abgesetzt angegeben und dienen Zwecken der Programmarkierung. Auch alle anderen Angaben im Kopfteil des Formulars dienen Dokumentationszwecken und sind ohne Bedeutung für das FORTRAN-Programm.
Das Eintragen von FORTRAN-Texten ist nicht völlig frei, sondern durch folgende Vereinbarungen eingeschränkt:

1. Programmbefehle (Anweisungen) werden in den Spalten 7 bis 72 angegeben. In einer Zeile darf höchstens eine Anweisung niedergeschrieben werden.
2. Zeilen, die Bemerkungen enthalten, jedoch für das Programm ohne Bedeutung sind, müssen durch den Buchstaben C in Spalte 1 gekennzeichnet sein (Bemerkungszeile). Bemerkungszeilen dürfen nur Basissymbole enthalten.
3. Jedes Programm oder jede in sich abgeschlossene Programmeinheit muß durch eine Schlußzeile beendet werden. Diese Zeile enthält in den Spalten 1 bis 6 nur das Leerzeichen, in den Spalten 7 bis 72 nur die Buchstabenfolge END und Leerzeichen. Das Leerzeichen wird im Programm nicht mitgeschrieben.
4. Im folgenden soll eine Kopfzeile jede Programmzeile heißen, die weder Bemerkungszeile noch Schlußzeile ist und außerdem die Ziffer 0 oder das Leerzeichen in Spalte 6 hat. Eine Kopfzeile kann in den Spalten 1 bis 5 Ziffern oder Leerzeichen enthalten.
5. Eine Programmzeile heißt Folgezeile, wenn sie in Spalte 6 ein Zeichen enthält, das von der Ziffer 0 und dem Leerzeichen verschieden ist und nicht die Eintragung C in Spalte 1 trägt. Eine Folgezeile darf nur einer Kopfzeile oder einer anderen Folgezeile folgen.
6. Eine Kopfzeile oder eine Kopfzeile, an die eine oder mehrere Folgezeilen anschließen, heißt Anweisung. Die Anweisung kann durch eine Zahlenangabe in den Spalten 1 bis 5 markiert werden. Diese Anweisungsmarke, kurz Marke, wird in der Kopfzeile einer Anweisung angegeben, dabei haben führende Nullen keine Bedeutung. Es versteht sich von selbst, daß es verboten sein muß, verschiedenen Anweisungen gleiche Marken zuzuweisen, wenn man an anderer Stelle auf diese Marken Bezug nehmen will. Das Bild 3 dient der Illustration dieser Begriffe. (Welch ein Zeilentyp fehlt auf dem Formular?)

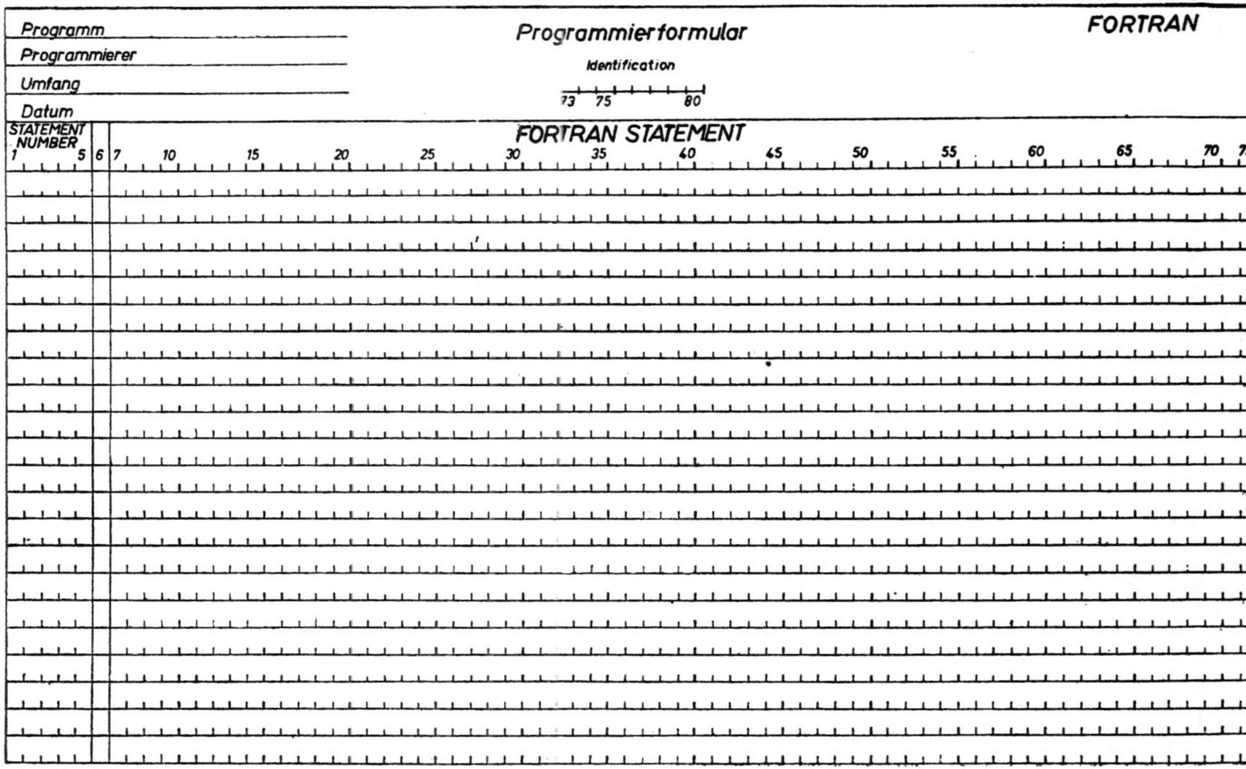

304 BmG 046/67 3 1948

Bild 3. Auszug aus einem FORTRAN-Programm

4. Konstante Programmgrößen

Konstanten nennt man solche Rechengrößen (allgemeiner solche Programmgrößen), die in einem Algorithmus unveränderlich sind, nicht also von speziellen Sachverhalten abhängen.

Betrachten wir etwa die quadratische Gleichung $Ax^2 + Bx + C = 0$, so sind im konkreten Fall A, B, C bekannte Koeffizienten, doch können diese Koeffizienten von Fall zu Fall verschieden sein. Die Wurzeln dieser quadratischen Gleichung bestimmen sich nach der Formel

$$x_{1,2} = \frac{1}{2A} \left(-B \pm \sqrt{B^2 - 4AC} \right).$$

Hierin treten die Konstanten 2 und 4 auf (trivialerweise auch 1), die unabhängig von den speziellen Koeffizienten zum Berechnen der Wurzeln gebraucht werden.

In der Programmiersprache FORTRAN sind sechs Typen von Konstanten zugelassen, nämlich

- ganzzahlige Konstanten
- reelle Konstanten[1])
- Konstanten mit doppelter Genauigkeit
- komplexe Konstanten
- logische Konstanten
- Hollerithkonstanten.

In diesem Abschnitt sollen diese Konstanten anschaulich erläutert werden, Definitionen werden im Abschn. 5. gegeben.

4.1. Ganzzahlige Konstanten

Eine Ziffer oder eine Folge von Ziffern heißt ganzzahlige Konstante, wobei vorausgesetzt wird, daß es sich um eine Darstellung im Dezimalsystem handelt (Oktalzahlen treten nur in speziellen Anweisungen auf). Ein Vorzeichen darf auftreten.

Beispiele: 173251
—82
0

Für jeden konkreten Automaten ist die Länge der Ziffernfolge begrenzt, und zwar durch die technischen Gegebenheiten der Anlage, d. h., daß dann eine ganzzahlige Programmkonstante k durch eine (von der Ma-

[1]) Das Wort „reell" ist hier — wie überall in der digitalen Rechentechnik — als Approximation einer reellen Zahl mit Hilfe der rationalen Zahlen zu verstehen, wie sie in einem Automaten dargestellt werden können. Im übrigen ist mit dem Fachbegriff „reelle Konstante" natürlich eine Konstante zur Darstellung einer reellen Zahl gemeint. Das gilt entsprechend für „komplexe Konstante", „logische Konstante" usw.

schine abhängige) Zahl n etwa derart eingeschränkt sein kann, daß stets $0 \leq k \leq 2^n - 1$ gelten muß. Selbstverständlich kann diese Einschränkung auch anders formuliert sein.[1])

4.2. Reelle Konstanten

Eine reelle Grundkonstante besteht aus einem ganzzahligen Anteil i, einem Dezimalpunkt und einem Dezimalteil d, der wie der ganzzahlige Anteil eine Ziffernfolge ist. Symbolisch ließe sich das so bezeichnen:

i . d

Es ist dabei zulässig, daß entweder i oder d leer sind.

Beispiele: 17.4
17.
.4
0.0003
0.

Die reelle Grundkonstante kann durch einen Dezimalexponenten erweitert werden. Dieser Dezimalexponent besteht aus dem Buchstaben E und einer ganzzahligen Konstanten. Die ganzzahlige Konstante wird als Exponent zur Basis 10 und die so gebildete Zehnerpotenz als Faktor aufgefaßt. Eine so erweiterte reelle Grundkonstante heißt reelle Konstante.

Beispiele: 5.0 E 3 bedeutet $5{,}0 \cdot 10^3 = 5000$
5.0 E-3 bedeutet $5{,}0 \cdot 10^{-3} = 0{,}005$

Der Exponent und die Mantisse unterliegen in jeder konkreten FORTRAN-Variante wieder Einschränkungen, die von der Anlage abhängen (etwa in der Form, daß höchstens 12 Ziffern zur Zahlendarstellung möglich sind und die reelle Konstante k aus dem Zahlenbereich $0 \leq k < 2^n$ sein muß)[2]).

4.3. Konstanten mit doppelter Genauigkeit

Unter Konstanten mit doppelter Genauigkeit werden reelle Konstanten im eben besprochenen Sinn verstanden, jedoch ist die Anzahl der zur Näherung verwendeten Ziffern größer als bei reellen Konstanten, aus maschinentechnischen Gründen meist doppelt so groß.
Eine Konstante mit doppelter Genauigkeit wird aus einer reellen Grundkonstante gebildet (Abschn. 4.2.), auf die ein D-Exponent folgt. Der D-Exponent besteht aus dem Buchstaben D und einer ganzzahligen Konstanten. Der D-Exponent wird wie der E-Exponent interpretiert.

[1]) Der ROBOTRON 300 verfügt über eine Festkommaarithmetik für ganze Zahlen bis zu 120 Stellen. Das würde für k mindestens die Beschränkung $0 \leq k \leq 10^{120} - 1$ bedeuten, wollte man eine FORTRAN-Variante auf diese Anlage abstimmen.

[2]) In [9] ist außerdem zugelassen, reelle Konstanten aus ganzzahligen Konstanten zu bilden, denen ein Dezimalexponent folgt. Auf diese Form soll im weiteren verzichtet werden.

Beispiel: 5.0 D-3 bedeutet $5{,}0 \cdot 10^{-3} = 0{,}005$

Auch hierbei ist der Exponent durch die technische Ausstattung der Anlage eingeschränkt.
Der Unterschied zwischen reellen Konstanten und Konstanten mit doppelter Genauigkeit liegt darin, daß die Darstellung gleicher Zahlen mit unterschiedlicher Genauigkeit, d. h. mit unterschiedlicher Länge erfolgt.
Zur Erläuterung wollen wir eine Anlage betrachten, in der reelle Konstanten durch einen höchstens zweistelligen Exponenten und acht Ziffern dargestellt werden, ferner soll stets vor der ersten Ziffer ein Komma gedacht werden.
Die reelle Konstante $\pi \doteq 3{,}141\,592\,653\,589\,793\,238\,462\,6\ldots$ hätte dann folgende Darstellung:

	Mantisse	Exponent
In der Anlage	31415926	01
In FORTRAN	.31415926	E1

Ließe sich jedoch in derselben Anlage die Konstante auch mit doppelter Genauigkeit realisieren und verarbeiten, so hätte sie dann folgende Darstellung:

	Mantisse	Exponent
In der Anlage	3141592653589793	01
In FORTRAN	.3141592653589793	D1

4.4. Komplexe Konstanten

Eine komplexe Konstante ist ein geordnetes Paar von reellen Konstanten, also etwa

(1.4 E — 03, 5.92 E-03)

oder allgemein

(k_1, k_2) .

Hierbei bedeutet dann k_1 den Realteil und k_2 den Imaginärteil der komplexen Zahl $k_1 + k_2 \cdot i$. Realteil und Imaginärteil werden wie reelle Konstanten behandelt (d. h. mit „einfacher“ Genauigkeit).

4.5. Logische Konstanten

Logische Konstanten sind folgende Zeichenfolgen:

.TRUE.

und

.FALSE.

Sie stellen die Wahrheitswerte „wahr“ und „falsch“ dar.

4.6. Hollerithkonstanten [1])

Eine Hollerithkonstante besteht aus einer vorzeichenlosen ganzzahligen Konstanten k, dem Buchstaben H und danach genau k Zeichen des FORTRAN-Alphabets. Leerzeichen sind dabei mitzuzählen.

Beispiel: 21HbMATRIXbISTbSINGULAER

5HA b b = b

Bezeichnet man mit k eine vorzeichenlose ganzzahlige Konstante und mit t eine Folge von Basissymbolen, so hat eine Hollerithkonstante also folgende Form:

kHt

5. Definitionsschema

5.1. Symbolik der beschreibenden Sprache

Zur Beschreibung einer Sprache ist es erforderlich, sich einer weiteren Sprache zu bedienen, um stets klar unterscheiden zu können, was beschriebene Sprache und was beschreibende Sprache, Metasprache, ist. Will man die Beschreibung in der Form vornehmen, daß man syntaktische Einheiten der Sprache definiert und diese definierten syntaktischen Einheiten zur Definition weiterer syntaktischer Einheiten verwendet, so ist es zweckmäßig, für dieses Definieren einen geeigneten Formalismus einzuführen.[2]) Dieser Formalismus besteht aus folgenden metasprachlichen Zeichen:

metasprachliche variable

::=

|

∪

{ }

1. Das Zeichen *metasprachliche variable* soll für syntaktische Einheiten stehen, die definiert werden oder — weil schon definiert— zur Definition weiterer syntaktischer Einheiten verwendet werden. Um kenntlich zu machen, daß es sich nicht um die beschriebene Sprache — hier also um FORTRAN — handelt, werden solche metasprachlichen Namen in den Definitionsgleichungen klein geschrieben. Sie werden im Text auch dann klein geschrieben, wenn betont werden soll, daß die syntaktische Struktur gemeint ist, die an früherer Stelle definiert worden ist.

[1]) Teilweise werden sie in der Literatur Textkonstanten genannt.

[2]) Der hier verwendete Formalismus ist an den von *Backus* zur Beschreibung der Syntax von ALGOL 60 eingeführten angelehnt, s. a. RA 47, [5] und [6].

2. Das Zeichen ::= lese man als „definiert durch". Es soll bedeuten, daß die syntaktische Einheit, die links von diesem Zeichen steht, durch das definiert wird, was rechts steht. Auf der rechten Seite können dabei Zeichen des FORTRAN-Alphabets stehen (Abschn. 3.2.), dann bedeutet jedes Zeichen sich selbst, oder es können dort andere syntaktische Einheiten stehen, die schon definiert worden sind oder an anderer Stelle definiert werden.

   Beispiel: *variablenname* ::= *name*

   Eine Zeile dieser Art möge Definitionszeile heißen.

3. Der senkrechte Strich | ist als „oder" zu lesen und so zu deuten, daß jede der durch den Strich getrennten syntaktischen Einheiten die links von dem Zeichen ::= stehende (höhere) syntaktische Einheit repräsentiert.

   Beispiel: *variable* ::= *indizierte variable* | *nichtindizierte variable*

4. Das Zeichen ∪ steht nur aus Gründen einer übersichtlichen Darstellung. Folgen nämlich in einer Definition mehrere syntaktische Einheiten aufeinander, so wären sie nur unzureichend voneinander abzusetzen. Das Zeichen macht diese Aufeinanderfolge deutlich und ist zu lesen als „gefolgt von".

5. Die Klammern { } enthalten Bemerkungen über Einschränkungen der Definition oder Hinweise auf andere Stellen.

Die Handhabung dieses Formalismus soll jetzt an den bisher eingeführten syntaktischen Strukturen erläutert werden und wird damit sicherlich völlig klar.
Im Abschn. 3.2. ist das FORTRAN-Alphabet beschrieben worden. Mit dem eben erklärten Formalismus wäre die Darstellung von Abschn. 3.2. folgendermaßen zu präzisieren:

5.2. Syntax der Konstanten

5.2.1. Metasprachliche Beschreibung des FORTRAN-Alphabets

buchstabe ::= A | B | C | D | E | F | G | H | I | J | K | L | M | N | O |
P | Q | R | S | T | U | V | W | X | Y | Z

ziffer :: 0 | 1 | 2 | 3 | 4 | 5 | 6 | 7 | 8 | 9

oktalziffer ::= 0 | 1 | 2 | 3 | 4 | 5 | 6 | 7

alphanumerisches zeichen ::= *buchstabe* | *ziffer*

trennzeichen ::= = | , | .

klammer ::= (|)

additionsoperator ::= + | —

multiplikationsoperator ::= * | /

operationszeichen ::= *additionsoperator* | *multiplikationsoperator*

währungssymbol ::= $

sonderzeichen ::= *trennzeichen* | *klammer* | *operationszeichen* | $ | b

basissymbol ::= *alphanumerisches zeichen* | *sonderzeichen*

Diese Zeilen beschreiben nicht nur die Zeichenmenge von FORTRAN, sondern fassen auch gewisse Zeichen durch metasprachliche Namen zusammen. Sollte im weiteren (etwa Abschn. 6.) in einer Definition *buchstabe* stehen, so heißt das, daß auf dieser Position eines der Zeichen steht, die bei der Definition der metasprachlichen Variablen *buchstabe* aufgeführt sind.

Die Definitionen, die mit der Organisation auf dem Programmformular zu tun haben (Abschn. 3.3.), sollen hier nicht aufgeführt werden, sie haben den Charakter von Vereinbarungen über die Form der Niederschrift von FORTRAN-Programmen.

Die Definition der Konstanten aus Abschn. 4. läßt sich jetzt wie folgt zusammenfassen.

5.2.2. Konstantendefinitionen

natürliche konstante ::= *ziffer* | *natürliche konstante* U *ziffer*

ganzzahlige konstante ::= *natürliche konstante* | *additionsoperator* U
natürliche konstante

vorzeichenlose reelle grundkonstante ::= *natürliche konstante*. |
natürliche konstante. *natürliche konstante* |
.*natürliche konstante*

reelle grundkonstante ::= *vorzeichenlose reelle grundkonstante* |
\+ *vorzeichenlose reelle grundkonstante* |
— *vorzeichenlose reelle grundkonstante*

vorzeichenlose reelle konstante ::= *vorzeichenlose reelle grundkonstante* |
vorzeichenlose reelle grundkonstante E *ganzzahlige konstante*

reelle konstante ::= *reelle grundkonstante* |
reelle grundkonstante E *ganzzahlige konstante*

vorzeichenlose konstante mit doppelter genauigkeit ::=
vorzeichenlose reelle grundkonstante D *ganzzahlige konstante*

konstante mit doppelter genauigkeit ::= *reelle grundkonstante* D
ganzzahlige konstante

komplexe konstante ::= (*reelle konstante*, *reelle konstante*)

numerische konstante ::= *natürliche konstante* |
vorzeichenlose reelle konstante |
vorzeichenlose konstante mit doppelter genauigkeit |
komplexe konstante

logische konstante ::= .TRUE. | .FALSE.

text ::= *basissymbol* | *text* U *basissymbol*

hollerithkonstante ::= *natürliche konstante* H *text* { die Anzahl der unter *text* aufgeführten Basissymbole ist durch die natürliche Zahl vor H festgelegt }

Ein solches Definitionsschema mag auf den ersten Blick schwerfällig erscheinen. Da jedoch von einem Automaten entschieden werden muß, ob eine Zeichenfolge im Programm syntaktisch richtig ist — und damit interpretiert werden kann — oder syntaktisch falsch ist — und damit nicht in ein Maschinenprogramm umgewandelt werden darf —, ist eine ganz exakte Beschreibung aller zulässigen Zeichenfolgen erforderlich. An dieses Schema gewöhnt man sich im übrigen recht schnell, das Arbeiten mit solchen syntaktischen Schemata erleichtert das Programmieren.

Beispiele:

Syntaktische Struktur	Beispiel		
natürliche konstante	3	126000	
ganzzahlige konstante	3	+3	—3
vorzeichenlose reelle grundkonstante	3.	3.7	.719
reelle grundkonstante	3.	—1.58	+23.
vorzeichenlose reelle konstante	3.	3.1E—3	
reelle konstante	3.	3.E+2	—13.95E12
vorzeichenlose konstante mit doppelter genauigkeit	3.15D—9		
konstante mit doppelter genauigkeit	3.15D—9	—3.15D—9	+3.15D—9
komplexe konstante	(2.,3.)	(.3E—2,1.1E—1)	
numerische konstante	3.E+2	3.15D—9	(2.,3.)
logische konstante	.TRUE.	.FALSE.	
text	*bb*SUMME	BETR.=	*b*—*b*+*b**
hollerithkonstante	7H*bb*SUMME	6HBETR.=	6H*b*—*b*+*b**

6. Namen

Um Programmgrößen bezeichnen zu können und sich dabei weitestgehend an die in der Formelschreibweise der Mathematik übliche Symbolik anzulehnen, bedient man sich für die Programmgrößen (Variablen, Felder, Funktionen, Unterprogramme, common-Blöcke) symbolischer Namen. Diese Namen werden mit dem eben erläuterten Definitionsschema wie folgt gebildet:

name ::= *buchstabe* | *name* **U** *alphanumerisches zeichen* {ein *name* darf maximal aus 6 Zeichen bestehen}

Demnach sind zulässige *namen*:

X

X1

X1X

XX1

HORNER

Bei diesem Bilden von Namen ist die Reihenfolge der Zeichen wesentlich, es ist also X1X ein anderer Name als XX1.

Das Bilden von Namen liegt völlig im Ermessen des Programmierers. Allerdings muß er in einer vorangehenden (später [Abschn. 18.] noch zu besprechenden) Typfestlegung fixieren, von welcher Beschaffenheit die Werte sein sollen, die bei der Programmabarbeitung diesem Namen zugewiesen werden können (nicht allen Namen werden Werte zugewiesen). Es ist ja für die maschinentechnische Realisierung ein Unterschied, ob ganze Zahlen oder reelle Zahlen oder komplexe Zahlen usw. gespeichert und verarbeitet werden sollen. Der Programmierer kann auf diese Typfestlegungen z. T. verzichten, wenn er sich konsequent an folgende Vereinbarung hält:

Ist der Typ einer Variablen nicht besonders vereinbart, so entscheidet der erste Buchstabe des Namens der Variablen über ihren Typ, nämlich so, daß sie während des Programms eine ganze Zahl darstellt, wenn der erste Buchstabe I, J, K, L, M oder N ist, sonst eine reelle Zahl.

Beispiele:

Variablen mit ganzzahligen Werten: K, KX, M1, LETZTE

Variablen mit reellen Werten: A, B3, X1, STREU

Allgemein gilt:

nichtindizierte variable ::= *variablenname*

variablenname ::= *name*

Syntaktisch sind nach diesen Definitionsgleichungen *nichtindizierte variable* und *variablenname* das gleiche. Semantisch besteht jedoch ein Unterschied, nämlich der, daß dem *variablennamen* kein Wert zugewiesen ist, sondern daß ihm bei der Realisierung des Programms nur ein Speicherbereich zugeordnet ist. Wird dem Namen einer Variablen ein Wert zugewiesen, so daß im folgenden mit diesem Wert gerechnet werden kann, so ist das in den Definitionsgleichungen so gekennzeichnet, daß dort die syntaktische Struktur *variable* auftritt.

Im übrigen gilt die Vereinbarung über die implizite Typfestlegung auch dann, wenn der Name zur Benennung einer Funktion oder eines Feldes dient.

7. Arithmetische Formeln

Konstante und variable Programmgrößen sollen jetzt mit Hilfe von Operatoren verknüpft werden. Dabei treten zwei Fragen auf:

1. Wie sind die Vorrangregeln formuliert, wenn mehrere Operatoren auftreten?

2. Wie spiegelt sich der Typ der Operanden im Typ des Ergebnisses wider?

Beantworten wir zunächst die erste Frage.

Die Operatoren zur Bildung von arithmetischen Ausdrücken sind wie folgt zusammengefaßt:

exponentiationsoperator ::= **

multiplikationsoperator ::= * | /

additionsoperator ::= + | —

arithmetischer operator ::= *exponentiationsoperator* | *multiplikationsoperator* | *additionsoperator*.

Die Vorrangregeln erhält man nun dadurch, daß man syntaktische Einheiten so definiert, daß, treten verschiedene Operatoren auf, zuerst das Potenzieren ausgeführt werden muß, danach Multiplikation oder Division, als letztes Addition oder Subtraktion.[1])

Zum einfachen Verständnis des Schemas ist noch besonders darauf hinzuweisen, daß diese Definitionen rekursiv sind. Man beginnt den Aufbau mit einer niedrigsten Einheit, dem sogenannten Elementarausdruck, schafft nacheinander höhere Einheiten und macht jede höhere Einheit wieder zu einer Elementareinheit, indem man sie in Klammern setzt.

7.1. Elementarausdrücke

Wir legen erst einmal folgendes fest:

elementarausdruck ::= *numerische konstante* | *variable* [2])

Beispiele:	19.62E12	(3.9,2.4)
	XQUER	T

[1]) In [9] sind die Vorrangregeln nicht enthalten, jedoch wird bei der Compilation häufig so verfahren.

[2]) Diese Definition wird an späterer Stelle erweitert.

7.2. Faktoren

faktor ::= *elementarausdruck* | *elementarausdruck* * * *elementarausdruck*

Beispiele für Faktoren

FORTRAN	Bedeutung	Erläuterungen
17		weil *elementarausdrücke*
N1		
17**3	17^3	weil sowohl vor als auch hinter dem Doppelstern ein *elementarausdruck* steht
17**N1	17^{N1}	
N1**17	N_1^{17}	
X**17.2E—01	$X^{1.72}$	

Hingegen ist 17**3**N1 syntaktisch falsch.

Setzt man allerdings einen *faktor* in Klammern (Abschn. 7.4.), so entsteht wieder ein *elementarausdruck,* so daß es syntaktisch richtig wäre, zu schreiben 17**(3**N1) bzw. (17**3)**N1, je nachdem, ob 17^{3N1} oder $(17)^{3N1}$ gemeint ist.

In bezug auf die Typen, die durch das Exponentiationszeichen verknüpft werden können, und den Typ des Ergebnisses gilt die folgende Tabelle:

1. Operand \ 2. Operand	ganzzahlig	reell	doppelte Genauigkeit	komplex
ganzzahlig	ganzzahlig			
reell	reell	reell	doppelte Genauigkeit	
doppelte Genauigkeit	doppelte Genauigkeit	doppelte Genauigkeit	doppelte Genauigkeit	
komplex	komplex			

(Schraffur bedeutet, daß diese Form nicht definiert ist.)

7.3. Terme

Faktoren werden durch Multiplikationsoperatoren zu höheren syntaktischen Einheiten verbunden, und zwar nach folgender Festlegung:

term ::= *faktor* | *term* / *faktor* | *term* * *term*

Gehen wir das der Reihe nach durch:

Was wir eben im Abschn. 7.2. als *faktor* verwendet haben, kann auch in der Funktion eines *terms* auftreten, denn *term* ::= *faktor*. Folgt auf den *term* nach dem Divisionsstrich ein *faktor*, so heißt das Ganze wieder *term*.

Beispiele:

FORTRAN	Bedeutung
N1/17	$\frac{N1}{17}$
17**3/N1	$\frac{17^3}{N1}$
17**3/N1**2.5	$\frac{17^3}{N1^{2,5}}$
17/3/N1	$\frac{17}{3 \cdot N1}$
17/3/5.26D8	$\frac{17}{3 \cdot 5{,}26 \cdot 10^8}$

Letztlich gestattet nun der dritte Teil obiger Definition beim Bilden von *termen* nicht nur den Schrägstrich /, sondern auch den Multiplikationsstern zu verwenden.

Es sei jedoch betont, daß rechts von * ein *term* steht.

Beispiele:

FORTRAN	Bedeutung	Erläuterung
N1*17	$17\ N_1$	
17**3*N1	$17^3\ N1$	Zuerst wird der *faktor* gebildet
17**3*X1**2.5	$17^3\ X1^{2.5}$	
17/3*X1	$\frac{17X1}{3}$	Würde man zuerst 3* X_1 bilden, so stünde rechts von / ein *term*, was nach obiger Definition syntaktisch falsch ist
17/3*X1/2.5	$\frac{17X1}{3 \cdot 2{,}5}$	

Die Einschränkungen und der Typ des Ergebnisses sind in folgender Tabelle zusammengestellt:

2. Operand / 1. Operand	ganzzahlig	reell	doppelte Genauigkeit	komplex
ganzzahlig	ganzzahlig			
reell		reell	doppelte Genauigkeit	komplex
doppelte Genauigkeit		doppelte Genauigkeit	doppelte Genauigkeit	
komplex		komplex		komplex

Zwischen dem ersten und dem zweiten Operanden steht einer der Operatoren * oder /.

Im übrigen gilt für Terme, was schon für Faktoren gesagt wurde — ein in Klammern eingeschlossener *term* ist wieder ein *elementarausdruck*.

Übungen:

Ü. 7.3.1. Welche der folgenden Terme sind richtig gebildet, welche nicht?

a) 17.2* 0.17E 3 * 5.51D 6
b) 8.3 / 2.9316 D-3 * (2.4E-3,7 . 53 E — 3)
c) (X,Y) / 0.661E -4 ** 4
d) (X,Y) ** 4./ 0.661E-4
e) 0.661E-4/ (X,Y) ** 4
f) (X1,Y1) / (X2,Y2) / X2 **Y2
g) X1 * Y1 / N1
h) N1 * N2 ** N3
i) 1.614 D-6 * 2.7315 D-4 / 5.007 E-3

Ü. 7.3.2. Man übertrage die Beispiele in die übliche Formelschreibweise.

Ü. 7.3.3. Man übertrage folgende Terme in FORTRAN-Schreibweise:

a) $$\frac{36{,}2\, xy^2}{3{,}1591\, z^4}$$

b) $$\frac{(a^3)^n\, b^{2n}}{c^4}$$, n natürliche Zahl

7.4. Arithmetische Ausdrücke

In diesem Abschnitt geht es um die FORTRAN-Darstellung von Formeln der Form a ± b. Solche Ausdrücke heißen arithmetische Ausdrücke und werden wie folgt gebildet:

arithmetischer ausdruck ::= *term* | *additionsoperator* U *term* |
arithmetischer ausdruck U *additionsoperator* U *term*

Beispiele:

FORTRAN	Bedeutung	Erläuterungen
17.2		weil *terme*
N1		
—17.2		
+N1		
—17.2 + X1 ** 4	$-17.2 + x_1^4$	
17.2* X1—Z/3.14159	$17{,}2x_1 - \frac{z}{3{,}14159}$	
X1/2. + X2/3.	$\frac{x_1}{2} + \frac{x_2}{3}$	

5.0* —X ist syntaktisch falsch.

Durch das Einschließen in Klammern wird ein *arithmetischer ausdruck* zum *elementarausdruck*, d. h., daß überall dort, wo bisher *elementarausdrücke* zugelassen waren, auch eingeklammerte *arithmetische ausdrücke* stehen können.
Damit kann die Definition von Abschn. 7.1. jetzt so erweitert werden:

elementarausdruck ::= *numerische konstante* |
variable | (*arithmetischer ausdruck*)

Für die Ausführbarkeit der Verknüpfungen und den Typ des Ergebnisses gelten wieder die Vereinbarungen, die in der Tabelle am Ende von Abschnitt 7.3. zusammengestellt sind. Zur Verknüpfung der Operanden sind also die Operatoren +, —, * und / zugelassen.

Beispiele:

FORTRAN	Bedeutung
(A + B + C + D)/4	$\frac{a+b+c+d}{4}$
B*B — 4.* A*C oder	$B^2 - 4AC$
B*B — 4.0 * A*C oder	
B** 2 — 4.0 *A*C	
(A*A+B) / C + (—1)**N * (A+C) / (A*A+C*C*C)	$\frac{a^2+b}{c} + \frac{(-1)^n(a+c)}{a^2+c^3}$

(In der mathematischen Formelschreibweise werden kleine und große Buchstaben verwendet, wie es allgemein üblich ist. In der FORTRAN-Darstellung werden kleine Buchstaben durch große Äquivalente ersetzt. Griechische Buchstaben werden ausgeschrieben, etwa ALPHA, EPS, RHO.)

Zusammenfassung

Der in den Abschnitten 7.1. bis 7.4. erläuterte Aufbau legt prinzipiell nichts anderes fest als die Vorrangregeln beim Berechnen einer arithmetischen Formel. Da jedoch das Definitionsschema typisch ist für den Aufbau der Sprache, ist es im Bild 4 noch einmal zusammengefaßt worden. Jede syntaktische Struktur ist dabei durch die Strukturen definiert, die am oberen Rand einmünden. Die Ziffern weisen auf den Abschnitt hin, in dem die Struktur beschrieben ist. (Es empfiehlt sich, die Zeichnung mit den Definitionen in den einzelnen Abschnitten zu vergleichen.)

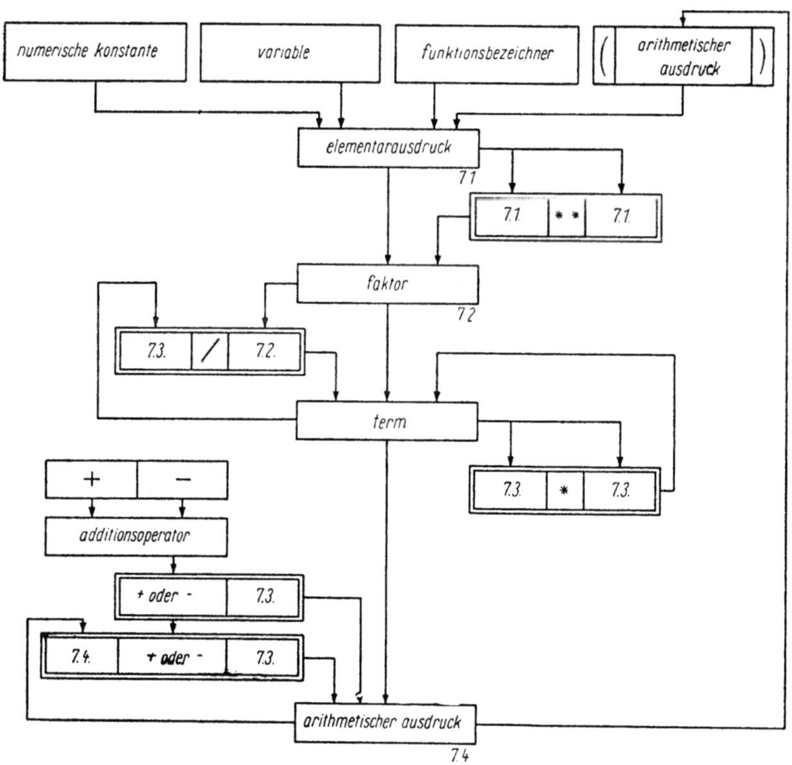

Bild 4. Definitionsschema für arithmetische Ausdrücke

Übungen

Ü. 7.4.1. Welche der folgenden Aussagen sind richtig, welche sind falsch?

a) Ein *elementarausdruck* kann wie ein *arithmetischer ausdruck* verwendet werden.

b) Ein *term* kann wie ein *faktor* verwendet werden.

c) Ein in Klammern gesetzter *term* kann wie ein *elementarausdruck* verwendet werden.

d) Ein in Klammern gesetzter *arithmetischer ausdruck* kann wie ein *faktor* verwendet werden.

e) Ein in Klammern gesetzter *faktor* kann wie ein *arithmetischer ausdruck* verwendet werden.

Ü. 7.4.2. Man stelle zur Übung die Definitionen aus Abschn. 4. durch syntaktische Karten (entsprechend Bild 4) dar!

8. Indizierte Variablen

Das in der Mathematik übliche Arbeiten mit geordneten Mengen von Daten spiegelt sich in FORTRAN im Begriff des Feldes wider. Betrachten wir zur Veranschaulichung eine Matrix aus 4 Zeilen und 9 Spalten:

$$A = \begin{pmatrix} a_{11} & a_{12} & a_{13} & \cdots & a_{19} \\ a_{21} & a_{22} & a_{23} & \cdots & a_{29} \\ a_{31} & a_{32} & a_{33} & \cdots & a_{39} \\ a_{41} & a_{42} & a_{43} & \cdots & a_{49} \end{pmatrix}$$

Eine solche geordnete Menge von Daten heißt ein Feld, jedes $a_{\mu\nu}$ ein Feldelement, μ und ν sind Indizes. Die Feldelemente sind Variablen. Jedes Feldelement wäre durch Angabe der allgemeinen Benennung des Feldelements (hier a) und der Indizes zu beschreiben. Um die Tiefstellung zu vermeiden, wird über die Schreibung der Indizes folgendes vereinbart:

1. Der Index steht hinter der allgemeinen Bennung des Feldes, und zwar in Klammern, mehrere Indizes werden durch Komma getrennt.

Beispiel: A (4, 9)

2. Eine so beschriebene Variable heißt indizierte Variable. Indizierte Variablen sind Elemente eines Feldes. Die Anzahl der Indizes heißt die *Dimension des Feldes* (Näheres über Felder im Abschn. 18.).

   Auf den Positionen der Indizes können arithmetische Ausdrücke verwandt werden, jedoch ist dabei nur eine der folgenden speziellen Formen zulässig, in denen n eine nichtindizierte Variable und m und k natürliche Konstanten bezeichnen:

n

m

n + m bzw. n — m

m * n

m * n + k bzw. m * n — k

Der Wert eines so gebildeten Indexausdrucks muß größer als Null sein.

Beispiele:

Indexausdruck	Indizierte Variable
L	A (L, L+1)
K + 2	FKT (K + 2)
6 * MAX — 5	TAB (6 * MAX — 5, 1,M, N,)

5+M ist falsch

Diese verbalen Festlegungen genügen folgendem Definitionsschema:

indizierte variable ::= *feldelementname*

feldelementname ::= *feldname* (*indexliste*)

feldname ::= *name*

indexliste ::= *indexausdruck* | *indexliste, indexausdruck*
{maximal 3 Indexausdrücke}

indexausdruck ::= *natürliche konstante* |
nichtindizierte variable |
nichtindizierte variable U *additionsoperator* U *natürliche konstante* |
natürliche konstante * *nichtindizierte variable* |
natürliche konstante * *nichtindizierte variable* U *additionsoperator* U *natürliche konstante*
{der Wert des Indexausdrucks muß größer als Null sein}.

Bemerkungen

1. *indizierte variablen* können Zahlen (verschiedener Typen) oder logische Werte darstellen. In bezug auf die implizite Typzuweisung gilt das im Abschn. 6. Erklärte (s. a. Abschn. 17.3.).
2. *indizierte variablen* werden in *arithmetischen ausdrücken* wie *nichtindizierte variablen* behandelt.
3. Die Definition aus Abschn. 6. kann jetzt erweitert werden zu
   variable ::= *nichtindizierte variable* |
   indizierte variable

   variablenname ::= *name* | *feldelementname*
4. Wie *indizierte variablen* in ein Programm eingeführt werden, wird im Abschn. 18. behandelt.

9. Standardfunktionen

In der Praxis des elektronischen Rechnens werden für jeden Automatentyp optimale Programme für solche Aufgaben erarbeitet, die sehr häufig als Teilaufgaben größerer Programme vorkommen (etwa $\sqrt{x}$, ln x u. ä.). Damit erübrigt es sich natürlich beim Programmieren in einer symbolischen Sprache, diese Algorithmen jedesmal explizit auszuführen. Statt dessen vereinbart man in der Programmiersprache für diese ohnehin bereits ausgeführten Programmteile Zeichenfolgen, die dann in jedem Programm diese festgelegte Bedeutung haben. Ebenso wird standardisiert, in welcher Form dem so reservierten Wort Angaben über Programmgrößen beigefügt werden, die in diesem Programmteil benutzt werden sollen — man legt fest, in welcher Form Parameter an das Unterprogramm übergeben werden sollen.

In den Sprachen, die überwiegend für die Darstellung wissenschaftlich technischer Rechnungen geschaffen worden sind, handelt es sich bei diesen standardisierten Namen um Bezeichnungen für wichtige und in numerischen Rechnungen oft auftretende Funktionen.

Das Anführen des Namens einer solchen Standardfunktion bewirkt die Realisierung eines Maschinenprogramms, das als Ergebnis einen Wert liefert.

Als Beispiel wollen wir die Funktion cos x betrachten. Diese Funktion ist in die Menge der Standardfunktionen aufgenommen worden, und zwar in drei Formen, nämlich

1) COS (X)
2) DCOS (X)
3) CCOS (X)

Damit sind COS, DCOS und CCOS Schlüsselwörter in FORTRAN, X ist das Argument.

Die erste dieser Standardfunktionen repräsentiert die Maschinenapproximation des reellen Wertes

$$\cos x = \sum_{n=0}^{\infty} \frac{(-1)^n x^{2n}}{(2n)!},$$

wenn x reell ist.

Die zweite der Funktionen repräsentiert die Maschinenapproximation mit doppelter Genauigkeit, wenn x von diesem Typ ist.

Letztlich liefert CCOS (X) für eine komplexe Variable X den über die oben angegebene Reihe definierten Wert.

In einem arithmetischen Ausdruck kann eine solche Standardfunktion wie ein Elementarausdruck verwendet werden, also

(A + COS(X)) / (B — COS(Y)).

(Die Definition von Abschn. 7.1. könnte also durch Standardfunktionen erweitert werden.)

Auf der Position des Arguments einer Standardfunktion können auftreten:

Argument	Beispiel
eine Konstante	COS (4.17 E + 2)
eine Variable	DCOS(ZZ)
	COS(X(J))
	CCOS(ZETA)
ein arithmetischer Ausdruck	COS(Z—A)
	DCOS(0.93D—3 * X+Y*Y)
	CCOS(Z—A)
eine Standardfunktion[1])	DCOS(COS(X))

Die folgende Tabelle enthält die in FORTRAN standardisierten Funktionen und gibt gleichzeitig an, von welchem Typ das (die) Argument(e) sein muß (müssen), die an diese Funktionen zu übergeben ist (sind), und von welchem Typ das Ergebnis ist, das die Standardfunktion liefert. In der dritten und vierten Spalte bedeuten die Abkürzungen i ganzzahlig, r reell, d doppelte Genauigkeit und c komplex.

Tafel der Standardfunktionen

Name der Standardfunktion	Anzahl der Argumente	Typ des Arguments	Typ des Funktionswerts	Definition der Funktion
SQRT	1	r	r	$\sqrt{x}$
DSQRT	1	d	d	$\sqrt{x + iy} = a + bi$ mit
CSQRT	1	c	c	$b = \sqrt{\frac{1}{2}\sqrt{x^2 + y^2} - \frac{x}{2}}, \; a = \frac{y}{2b}$
EXP	1	r	r	$e^x = \sum_{\nu=0}^{\infty} \frac{x^\nu}{\nu!}$
DEXP	1	d	d	
CEXP	1	c	c	
TANH	1	1	1	$\tanh x = \frac{e^x - e^{-x}}{e^x + e^{-x}}$
ALOG	1	r	r	$\ln x = 2 \sum_{\nu=1}^{\infty} (-1)^{\nu+1} \frac{(x-1)^\nu}{\nu}$ für $x > 0$
DLOG	1	d	d	
CLOG	1	c	c	
ALOG10	1	r	r	$\lg x = \alpha \ln x$
DLOG10	1	d	d	$\alpha \approx 0{,}4343$

[1]) Oder auch eine Funktion, wie in RA 74 besprochen wird. Im übrigen hätte in dieser Tafel auf der linken Seite die Eintragung „arithmetischer Ausdruck" genügt, da ja Konstanten, Variablen und Standardfunktionen Spezialfälle des arithmetischen Ausdrucks sind (Abschn. 7.1).

Tafel der Standardfunktion (Fortsetzung)

Name der Standard-funktion	Anzahl der Argu-mente	Typ des Argu-ments	Typ des Funk-tions-werts	Definition der Funktion
SIN	1	r	r	$\sin x = \sum_{\nu=0}^{\infty} \frac{(-1)^{\nu} x^{2\nu+1}}{(2\nu+1)!}$
DSIN	1	d	d	
CSIN	1	c	c	
COS	1	r	r	$\cos x = \sum_{\nu=0}^{\infty} \frac{(-1)^{\nu} x^{2\nu}}{(2\nu)!}$
DCOS	1	d	d	
CCOS	1	c	c	
ATAN	1	r	r	$\arctan x = \sum_{\nu=0}^{\infty} \frac{(-1)^{\nu} x^{2\nu+1}}{2\nu+1}$
DATAN	1	d	d	
ATAN 2	2	r	r	$\arctan \frac{y}{x}$ (Polwinkel)
DATAN 2	2	d	d	
ABS	1	r	r	$\mid x \mid = \begin{cases} x, & \text{falls } x \geqq 0 \\ -x, & \text{falls } x < 0 \end{cases}$
IABS	1	i	i	
DABS	1	d	d	
CABS	1	c	r	$\mid x + iy \mid = \sqrt{x^2 + y^2}$
AINT	1	r	r	[x], d. h. größte ganze Zahl, die nicht größer als x ist
INT	1	r	i	
IDINT	1	d	i	
AMOD	2	r	r	AMOD $(x_1,x_2) = x_1 - \left[\frac{x_1}{x_2}\right] x_2$, worin [a] größte ganze Zahl bedeutet, die nicht größer als a ist, nicht erklärt für $x_2 = 0$
MOD	2	i	i	
DMOD	2	d	d	
AMAX0	>1	i	r	max $(x_1,x_2,\ldots,x_n)$ $n > 1$
AMAX 1		r	r	
MAX0		i	i	
MAX 1		r	i	
DMAX 1		d	d	
AMIN0	>1	i	r	min $(x_1,x_2,\ldots,x_n)$ $n > 1$
AMIN 1		r	r	
MIN0		i	i	
MIN 1		r	i	
DMIN 1		d	d	

Tafel der Standardfunktion (Fortsetzung)

Name der Standard-funktion	Anzahl der Argu-mente	Typ des Argu-ments	Typ des Funk-tions-werts	Definition der Funktion
DIM IDIM	2	r i	r i	$x_1 - \min(x_1,x_2)$ (positive Differenz)
FLOAT	1	i	r	Umwandlung von ganzen Zahlen in reelle Zahlen
IFIX	1	r	i	Umwandlung von reellen Zahlen in ganze Zahlen mit Rundung
SIGN ISIGN DSIGN	2	r i d	r i d	SIGN $(x_1,x_2) =$ sign $(x_2) \mid x_1 \mid$; nicht erklärt für $x_2 = 0$
SNGL	1	d	r	wesentlicher Anteil des Arguments
REAL	1	k	r	Realteil von x
AIMAG	1	k	r	Imaginärteil von x
DBLE	1	r	d	Diese Funktion überführt reelle Zahlen in die Darstellung mit doppelter Genauigkeit
CMPLX	2	r	k	Die Funktion CMPLX(X,Y) überführt X in den Realteil, Y in den Imaginärteil einer komplexen Zahl
CONJG	1	k	k	Die Funktion liefert als Wert die konjugiert komplexe Zahl des Arguments

Der syntaktische Begriff *standardfunktion* soll nun durch die in der Tabelle aufgeführten Schlüsselwörter definiert sein. Bei ihrer Verwendung muß diesem Schlüsselwort ein Parameterteil folgen, wie in der Tafel angegeben. Näheres über Standardfunktionen ist in RA 74 ausgeführt.

Übungen

Welche der folgenden Ausdrücke sind syntaktisch einwandfrei ?

Ü. 9.1. 2,5 + A * SIN(X**4)

Ü. 9.2. ABS(ALOG(N))

Ü. 9.3. DATAN2(1371,OD —4)

Ü. 9.4. ABS(CONJG(CMPLX(R_1,R_2)))

Ü. 9.5. COS(X) / SIN(SQRT(X))

Ü. 9.6. AIMAG(ZETA) + DBLE(X)

10. Bedingungen

Zum Steuern von Verzweigungen in Programmen müssen Entscheidungen gefällt werden. Diese Entscheidungen hängen davon ab, ob eine Frage — die ebenfalls programmiert ist — mit Ja oder mit Nein beantwortet wird, d. h., ob eine Bedingung erfüllt ist oder nicht.

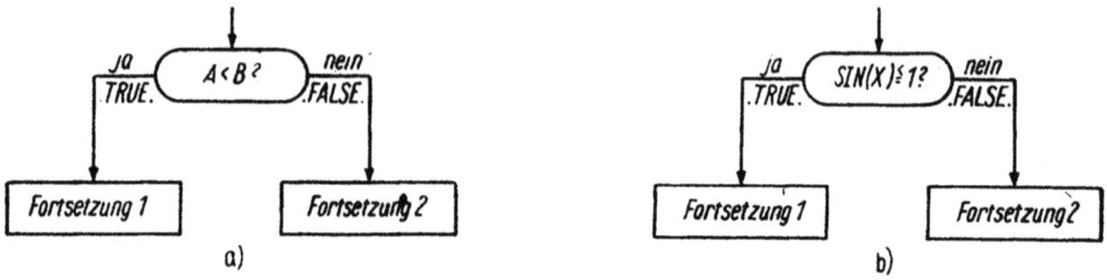

Bild 5: Einfache Programmverzweigungen

Bild 5a zeigt eine solche Verzweigung, wo als „Frage" zwei Rechengrößen (arithmetische Ausdrücke) verglichen werden. Je nachdem, ob diese durch den Vergleich ausgedrückte Bedingung erfüllt ist, wird die eine oder andere Programmfortsetzung gewählt. Der Vergleich im Bild 5b ist zwar nicht regelwidrig gebildet, er ist jedoch im Reellen stets erfüllt und somit sinnlos. (Hat der Vergleich für eine komplexe Variable X einen Sinn ?)
In der „Frage" wird also geprüft, ob eine Relation zwischen arithmetischen Ausdrücken erfüllt ist, ob die Relation den Wahrheitswert „wahr" oder „falsch" hat. In FORTRAN heißen die syntaktischen Strukturen, die einen dieser beiden Wahrheitswerte repräsentieren, *logische ausdrücke.*
Ähnlich wie beim Aufbau des arithmetischen Ausdrucks soll jetzt der logische Ausdruck aufgebaut werden.

10.1. Logische Konstanten

Hier ist nur die Definition von Abschn. 4.5. zu wiederholen:

logische konstante ::= .TRUE. | .FALSE.

10.2. Logische Variablen

logische variable ::= *variable*

Zur Bezeichnung von logischen Variablen dienen nach dieser Definition wiederum Namen, also etwa P, Q, PQ1, P(K) usw.[1])
Die logische Variable kann im Programm nur einen der Werte .TRUE. oder .FALSE. annehmen.

[1]) In den folgenden Beispielen sind keine Verwechselungen mit reellen Variablen möglich. Typ-anweisungen s. Abschn. 17.

10.3. Vergleiche

vergleiche ::= *arithmetischer ausdruck* ∪ *vergleichsoperator*
∪ *arithmetischer ausdruck*

vergleichsoperator ::= .LT. | .LE. | .EQ. |
.NE. | .GT. | .GE.

Die als Vergleichsoperator definierten Zeichenfolgen sind an die englischen Begriffe angelehnt:

.LT.	less than	$<$
.LE.	less than or equal	$\leqq$
.EQ.	equal to	$=$
.NE.	not equal to	$\neq$
.GT.	greater than	$>$
.GE.	greater than or equal	$\geqq$

Beispiele:

FORTRAN	**Bedeutung**
A.NE.B	$A \neq B$
B*B — 4.*A*C.LT. 0.	$B^2 - 4AC < 0$
N.EQ.10	$N = 10$
AMAX1(X1,X2,X3).LT.1.0E-6	$\max (x_1,x_2,x_3) < 10^{-6}$

Bei der Realisierung in einem FORTRAN-Programm stellt der Vergleich einen der logischen Werte dar. Dieser Wert wird dadurch gebildet, daß zuerst die Werte der arithmetischen Ausdrücke berechnet werden, dann werden sie miteinander verglichen, und es wird entschieden, ob die durch den Vergleichsoperator fixierte Relation erfüllt ist. In Abhängigkeit von dieser Entscheidung erhält der Vergleich den Wert „wahr" oder „falsch". Ist z. B. A=3, B=6, C=3, so hat der im zweiten Beispiel angeführte Vergleich den Wert „falsch".

Ein Vergleich ist nur dann richtig gebildet, wenn die arithmetischen Ausdrücke den in der folgenden Tabelle zusammengestellten Bedingungen genügen:

Typ des rechten Ausdrucks / Typ des linken Ausdrucks	ganzzahlig	reell	doppelte Genauigkeit	komplex
ganzzahlig	**zulässig**	unzulässig	unzulässig	unzulässig
reell	unzulässig	**zulässig**	**zulässig**	unzulässig
doppelte Genauigkeit	unzulässig	**zulässig**	**zulässig**	unzulässig
komplex	unzulässig	unzulässig	unzulässig	unzulässig

10.4. Logische Elementarausdrücke

Die Festlegungen aus den Abschnitten 10.1. und 10.2. werden zusammengefaßt:

logischer elementarausdruck ::= *logische konstante* |
logische variable | *vergleich*

Ausgehend vom logischen Elementarausdruck werden jetzt mittels logischer Operatoren (entsprechend den arithmetischen Operatoren) hierarchisch übergeordnete syntaktische Einheiten aufgebaut.

10.5. Logische Operatoren

logischer operator ::= .NOT. | .AND. | .OR. [1])

Diese *logischen operatoren* bewirken die logische Negation, die logische Konjunktion und die logische Disjunktion. Im einzelnen wird die Wirkung in den Abschnitten 10.6., 10.7. und 10.8. erklärt.

10.6. Logische Faktoren

logischer faktor ::= *logischer elementarausdruck* |
.NOT. *logischer elementarausdruck*

[1]) Aus dem Englischen: not = nicht, or = oder, and = und.

Beispiele	Bemerkungen
.TRUE.	
Q	falls Q eine logische Variable ist
.NOT.Q	
.NOT.A.GT.B	gleichwertig mit A.LE.B

Erläuterungen

Der logische Operator .NOT. wird auf einen Operanden angewendet und liefert dann einen Wert nach folgender Tabelle:

Logische Negation

Q	.TRUE.	.FALSE.
NOT.Q	.FALSE.	.TRUE.

10.7. Logische Terme

logischer term ::= *logischer faktor* |
logischer term .AND. *logischer term*

Beispiele	Bemerkungen
.TRUE.	da logischer Faktor
Q	falls Q logische Variable ist
.NOT.Q	weil logischer Faktor
1. —B**2 .GT. 0.	weil logischer Faktor
Q .AND. P	
A .LT. X .AND. X .LT. B	A < x < B [1]
Q .AND. P .AND. R	
Q .AND. .NOT. P	
ABS(X) .LT. 1. AND. Y .GT. 0.	| x | < 1 und y > 0 [1]

Erläuterungen

1. Der logische Operator .AND. verknüpft zwei Operanden und liefert einen Wert nach folgender Tabelle:

   Logische Konjunktion

Q	.TRUE.	.TRUE.	.FALSE.	.FALSE.
P	.TRUE.	.FALSE.	.TRUE.	.FALSE.
Q.AND.P	.TRUE.	.FALSE.	.FALSE.	.FALSE.

[1]) Vergleiche hierzu auch die Übungen 10.9.

2. Tritt der Operator .AND. mehrmals auf, so denke man sich die Rechnung von links nach rechts ausgeführt[1]), also P.AND.Q.AND.R ersetzt durch (P.AND.Q).AND.R
3. Die logische Negation wird vor der Konjunktion ausgeführt (nach der obigen Definition).

10.8. Logische Ausdrücke

logischer ausdruck ::= *logischer term* |
logischer ausdruck .OR. *logischer ausdruck*

Beispiele	Bemerkungen
.TRUE.	da logischer Term
Q	falls Q logische Variable ist
Q.AND..NOT.P	da logischer Term
Q.OR.P	
Q.OR..NOT.P	
Q.OR..NOT.P.AND.R	
Q.AND..NOT.B.LE.C	da logischer Term
Z.LT.EPS.OR.1. / ZO.GT.K	$z < \varepsilon$ oder $\frac{1}{z_0} > K$
1.GT.A / ABS(X).AND.	$\left(1 > \frac{A}{\lvert x \rvert}\right.$ und $\left.\lvert x \rvert + \lvert y \rvert < 2\right)$
ABS(X) + ABS(Y).LT.2..OR. Z.LT.O .	oder $z < 0$

Erläuterungen

1. Der logische Operator .OR. verknüpft zwei Operanden und liefert einen Wert nach folgender Tabelle:

   Logische Disjunktion

P	.TRUE.	.TRUE.	.FALSE.	.FALSE.
Q	.TRUE.	.FALSE.	.TRUE.	.FALSE.
P.OR.Q	.TRUE.	.TRUE.	.TRUE.	.FALSE.

2. In einem logischen Ausdruck sind zuerst alle logischen Terme zu berechnen (nach Definition), bevor die Verknüpfung mittels der Disjunktion erfolgt.
3. Tritt der Operator .OR. mehrmals auf, so denke man sich die Berechnung von links nach rechts durchgeführt, nachdem der Wert aller logischen Terme berechnet worden ist.[1])
4. Ein in Klammern gesetzter logischer Ausdruck ist wieder (analog zum arithmetischen Ausdruck) ein logischer Elementarausdruck, so daß sich die Definition aus Abschn. 10.4. jetzt erweitern läßt zu:

[1]) In [9] nicht gefordert, doch sind Compiler meist so aufgebaut.

logischer elementarausdruck ::= ***logische konstante*** |
logische variable |
vergleich |
(***logischer ausdruck***) [1])

10.9. Übungen

Ü. 10.9.1. Man gebe logische Ausdrücke an zur **Beschreibung folgender** Punktmengen (Veranschaulichung am Zahlenstrahl **oder** in einem **Koordinatensystem**):

a) $-2 \leqq x \leqq 3$
b) $a \leqq x \leqq b, \; 0 \leqq y \leqq c$
c) innere Punkte des Einheitskreises
d) $y > 0 \wedge 2x - y + 3 > 0 \wedge x + y - 6 < 0$
e) $-3 \leqq R(z) \leqq 1$, $R(z)$ = Realteil der komplexen Variablen Z
f) $|z - z_0| \leqq 1$, z, z_0 komplex

Ü. 10.9.2. Welche Punktmengen sind durch die folgenden logischen Ausdrücke beschrieben (Skizze)?

a) X.LT. —3..OR.X.GT.3.
b) 1.—A*A .LT.X.AND. 1.+A*A.GT.X
c) AIMAG(ZETA).GE.1.5
d) ABS(X) + ABS(Y) .EQ. 1.0
e) Y.LE.SQRT(X) .AND. Y.GT.0. .OR.Y.GE.—X.AND.Y.LE.0.
AND..X.GE.0

Ü. 10.9.3. Man tabelliere den Wert des folgenden logischen Ausdrucks für alle Kombinationen der logischen Variablen P, Q und R:

.NOT. ((P.OR.Q) .AND. (P .OR. .NOT. R)) .AND. P. OR. Q .AND. R

11. Wertzuweisungen

In einem Programm erscheint der Wert eines **arithmetischen Ausdrucks** als ein Zwischenergebnis, das unter einer **vereinbarten Adresse** gespeichert wird, oder als Endergebnis, d. h. als **Wert der zu berechnenden Programmgröße**. Auch dieser Ergebnisgröße ist eine (symbolische) Adresse

[1]) Auch diese Definition ist noch nicht vollständig, es fehlen Funktionen, die einen logischen Wert liefern. Die Erweiterung der Definition erfolgt in FORTRAN — Datentransport und Unterprogramme (RA 74).

zugeordnet. Das Zuweisen des Wertes eines arithmetischen Ausdrucks zum Namen einer Variablen geschieht in FORTRAN-Programmen durch Wertzuweisungen. Zwei Typen der Wertzuweisungen sollen jetzt erläutert werden.

11.1. Arithmetische Wertzuweisungen

arithmetische wertzuweisung ::= *variablenname* = *arithmetischer ausdruck*

Beispiele	Bemerkungen
A = 3.	
I = I+1	die ganzzahlige Variable I wird um 1 vergrößert
A = B	
A(K) = B + A(K)	das Feldelement A(K) (die indizierte Variable A(K)) wird um die Zahl B vergrößert
Z = 1./ (9.4,5.)	Z ist komplexe Variable
S = SQRT(B*B—4.*A*C)	
M = MAX0(A1,A2,A3)—MIN0(A1,A2,A3)	
I = IFIX(F)*F	falsch, wenn nämlich F eine reelle Variable darstellt (wie hier zugrunde gelegt ist), so ist die Multiplikation syntaktisch falsch, wäre F eine ganzzahlige Variable, so ist IFIX(F) nicht erklärt (s. Tafel der Standardfunktionen)
N = SIGN(1,K)	$N = \begin{cases} +1 \text{ falls } K > 0 & \text{(K ganzzahlige Variable)} \\ 0 \text{ falls } K = 0 & \\ -1 \text{ falls } K < 0 & \text{(s. Tafel der Standardfunktionen)} \end{cases}$

Erläuterungen

In bezug auf die links vom Gleichheitszeichen stehende Variable und den Typ des arithmetischen Ausdrucks rechts vom Gleichheitszeichen muß noch festgelegt werden, wann Wertzuweisungen erlaubt sind und wie diese Zuweisungen realisiert werden.

Die Tafel zeigt, welche Beziehungen zwischen dem Typ der Variablen auf der linken Seite und dem arithmetischen Ausdruck auf der rechten Seite definiert sind, d. bedeutet darin *definiert*, n.d. bedeutet *nicht definiert*.

Arithmetischer Ausdruck / Variable	ganzzahlig	reell	doppelte Genauigkeit	komplex
ganzzahlig	d.	d.	d.	n. d.
reell	d.	d.	d.	n. d.
doppelte Genauigkeit	d.	d.	d.	n. d.
komplex	n. d.	n. d.	n. d.	d.

Stimmt der Typ der rechten Seite nicht mit dem Typ der linken Seite bei einer sonst syntaktisch richtigen Wertzuweisung überein, so gilt folgendes:

Linke Seite	Rechte Seite	Realisierung
reell	ganzzahlig	Konvertierung in die entsprechende Darstellung vor der Zuweisung
doppelte Genauigkeit	ganzzahlig	
ganzzahlig	reell	Es erfolgt Zuweisung des ganzzahligen Anteils
doppelte Genauigkeit	reell	Transformation in die Form des Typs „doppelter Genauigkeit" und dann Zuweisung
ganzzahlig	doppelte Genauigkeit	Es erfolgt Zuweisung des ganzzahligen Anteils
reell	doppelte Genauigkeit	Zuweisung des wesentlichen Anteils

Übungen

Man entscheide, ob folgende Wertzuweisungen syntaktisch richtig sind:

Ü. 11.1.1 X = X+I

Ü. 11.1.2. M = IDIM(I1,I2)*K+1

Ü. 11.1.3. M1 = FLOAT(IDIM(I1,I2)) + B(3+K)

Ü. 11.1.4. A[2] = (ABS(X)—ABS(Y))/(X—Y)+EXP(X)*(X+EXP(Y))

11.2. Logische Wertzuweisungen

logische wertzuweisung ::= *variablenname* = *logischer ausdruck*

In den Beispielen seien P, Q und R Namen für logische Variable.

FORTRAN	Bemerkungen
Q = .TRUE.	
Q = .NOT. Q	
P = A.LE.B	der Wert des Vergleichs $A \leqq B$ wird P zugewiesen
R = Q.OR..NOT.P	$R := Q \vee \bar{P}$
P(2) = 3..GT.C	wenn $3 > C$ ist, erhält P(2) den Wert .TRUE., sonst den Wert .FALSE.
Q = A+B.LT.1..AND. A+C.GT.O..OR. A.EQ.O..AND.B.EQ.O. .AND.C.EQ.O.	$(A+B<1 \wedge A+C>0) \vee (A=0 \wedge B=0 \wedge C=0)$

Beim Berechnen (zusammengesetzter) logischer Ausdrücke ist die Reihenfolge festgelegt:

1. *arithmetische ausdrücke* berechnen
2. den logischen Wert von *vergleichen* berechnen
3. Negationen ausführen
4. Konjunktionen ausführen
5. Disjunktionen ausführen

Der so erhaltene Wert wird der Variablen auf der linken Seite zugewiesen

Übungen

Es seien den Variablen folgende Werte zugeordnet:

A = 7,5	P = .TRUE.
B = —0,1	Q = .FALSE.
C = 12	

Man berechne den Wert der Variablen R:

Ü. 11.2.1. R = A.LT.B.OR.(P.AND..NOT.Q).AND.C.LE.A
Ü. 11.2.2. R = A.GE.B.OR.A.GE.C.AND.P
Ü. 11.2.3. R = Q.AND.NOT.P.OR.A+5..EQ.C—.5
Ü. 11.2.4. R = ABS(B).OR.P.AND.Q

12. Sprunganweisungen

Sprunganweisungen dienen dazu, die natürliche Reihenfolge der Programmbefehle zu unterbrechen und an anderer Stelle den Programmablauf fortzusetzen.

12.1. Marken

Um FORTRAN-Anweisungen zu kennzeichnen, kann man diesen Anweisungen ganze Zahlen voranstellen. Diese Zahlen werden in den Spalten 1 bis 5 des Programmierformulars eingetragen und heißen Marken.

marke ::= *ziffer* | *marke* ⊔ *ziffer* {maximal fünf Stellen,
standardisierte Eintragung in den Spalten 1 bis 5}

Beispiele hierfür wurden schon im Abschn. 3.2. angegeben.

12.2. Unbedingte Sprunganweisungen

unbedingte sprunganweisung ::= GO TO *marke*

Die Ausführung dieser Anweisung geschieht so, daß das Programm mit der Anweisung fortgesetzt wird, die durch die Marke gekennzeichnet ist.

12.3. Listensprunganweisungen

listensprunganweisung ::= GO TO *varibale*, (*markenliste*)
{die Variable muß vom Typ „ganzzahlig" sein}
markenliste ::= *marke* | *markenliste*, *marke*
markenzuweisung ::= ASSIGN *marke* TO *variable*

Beispiel:

```
GO TO I, (16, 113, 2, 19)
```

Erläuterungen

1. Die Variable (im Beispiel also I) hat nur dann einen Wert, wenn an einer vorhergehenden Programmstelle mittels einer Markenzuweisung ein Wert zugeordnet wurde (im Beispiel etwa

```
ASSIGN 2 TO I
GO TO I , (16, 113, 2, 19) ).
```

2. Die Marke, die der Variablen zugewiesen wurde, muß in der Markenliste vorkommen. Das Programm wird dann mit der Anweisung fortgesetzt, die durch diese Marke gekennzeichnet ist. Letztlich entspricht also die Markenzuweisung einer Zuweisung von Adressen (man könnte in diesem Sinn Marken als einen weiteren Konstantentyp auffassen).

12.4. Berechnete Listensprunganweisungen

berechnete listensprunganweisung ::= GO TO (*markenliste*), *variable*
{die Variable muß vom Typ „ganzzahlig“ sein}

Beispiel: GO TO (16, 113, 2, 19),I

Erläuterungen

1. Symbolisch geschrieben hätte diese Anweisung die Form GO TO (m_1,m_2,m_3,. . .,m_s),i, worin die m_σ Marken sind. Für den aktuellen Wert von i muß beim Realisieren der Anweisung gelten $1 \leqq i \leqq s$.
Es wird dann durch die Anweisung das Programm mit der durch die Marke m_i gekennzeichneten Anweisung fortgesetzt. Ist im obigen Beispiel etwa I = 3, so führt der Sprung zu der mit m_3 gekennzeichneten Anweisung des Programms.
2. Die Zuweisung eines Wertes zu der ganzzahligen Variablen kann in einer arithmetischen Wertzuweisung erfolgen (s. a. Abschn. 12.3.).
3. *sprunganweisung* ::= *unbedingte sprunganweisung*
| *listensprunganweisung* | *berechnete listensprunganweisung*

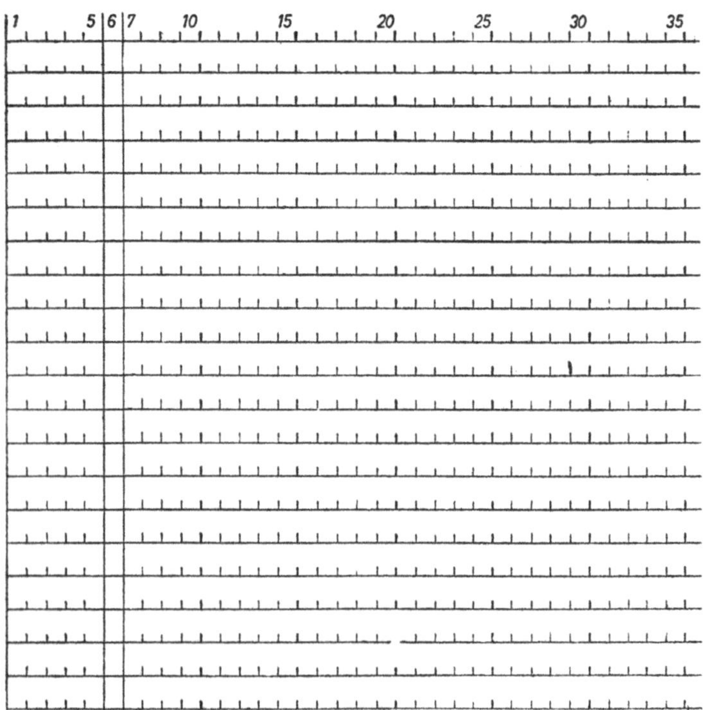

Beispiel:

Bei den vorangehenden Programmzeilen handelt es sich um ein formales Beispiel. Geht man das Beispiel durch, so erfolgt zuerst ein Sprung zu der Listensprunganweisung 100, von dort zur Marke 1, wo K erhöht wird. Das Programm endet bei dem Befehl STOP. (Welche Programmzeilen werden nicht erreicht?)

13. Bedingte Anweisungen

Im Bild 6 sind Programmverzweigungen dargestellt. Um diesen Sachverhalt zu formulieren, wären Anweisungen erforderlich, die in Abhängigkeit von dem Erfülltsein einer Bedingung die eine oder die andere Programmstelle aufsuchen. In FORTRAN unterscheidet man zwei Typen

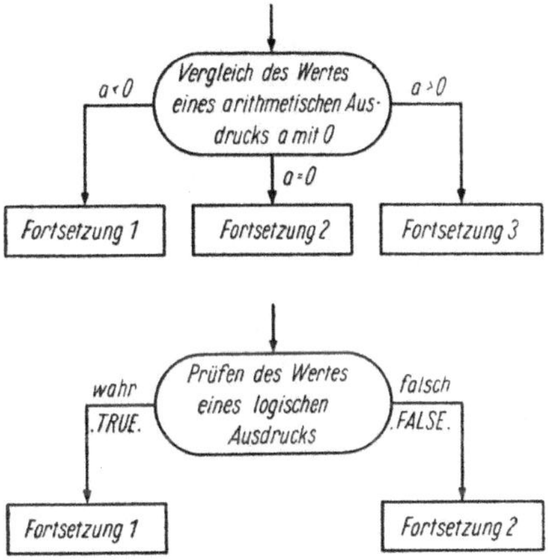

Bild 6. Programmverzweigungen

von Bedingungen, und zwar solche, bei denen der Wert eines arithmetischen Ausdrucks mit 0 verglichen wird, und solche, bei denen festgestellt wird, ob ein logischer Ausdruck den Wert „wahr" oder „falsch" hat. (Im zweiten Fall könnte der logische Ausdruck durchaus auch ein Vergleich sein.)

13.1. Arithmetische if-Anweisungen

arithmetische if-anweisung ::= IF (*arithmetischer ausdruck*) *marke*, *marke*, *marke*

Beispiele:

IF(X) 16, 9, 35

IF(B*B—4.*A*C) 30, 17, 17

Erläuterungen

Die arithmetische if-Anweisung stellt eine Dreifachverzweigung dar, wobei die Anweisungen, mit denen fortgesetzt werden kann, durch die Marken beschrieben sind. Je nachdem, ob der arithmetische Ausdruck einen Wert hat, der kleiner als 0, gleich 0 oder größer als 0 ist, wird die zur ersten Marke bzw. zur zweiten Marke bzw. zur dritten Marke gehörende Anweisung aufgesucht.

13.2. Logische if-Anweisungen

Um die logische if-Anweisung definieren zu können, seien noch einige andere Begriffsfestlegungen vorangestellt.

wertzuweisung ::= *arithmetische wertzuweisung* |
logische wertzuweisung |
markenzuweisung
steueranweisung ::= *sprunganweisung* | *arithmetische if-anweisung* [1])
ausführbare anweisung ::= *wertzuweisung* | *steueranweisung*
logische if-anweisung ::= IF (*logischer ausdruck*) *ausführbare anweisung*

Beispiele:

IF(Q)A = B+C/2.
IF(Q.OR.Z)A = AMOD(X,Y)
IF(A.LT.B)D = —1.

Erläuterungen

1. Die logische if-Anweisung ist selbst eine Steueranweisung, obige Definition wäre also zu ergänzen.
2. In der logischen if-Anweisung sind auf der Position der ausführbaren Anweisung zwei Typen verboten, nämlich logische if-Anweisungen und (noch zu besprechende) Laufanweisungen.
   So ist also IF(Q) IF(A) 17, 101, 5 syntaktisch richtig gebildet, wenn Q einen logischen Ausdruck und A einen arithmetischen Ausdruck symbolisiert.
   Jedoch ist IF(Q) IF(P) A = B syntaktisch falsch, da Q und P logische Ausdrücke sind, d. h., weil IF(P)A = B eine logische if-Anweisung ist, die nicht als ausführbare Anweisung einer logischen if-Anweisung auftreten darf.
3. Sprunganweisungen können durch die logische if-Anweisung bedingt werden, etwa so:

```
Q = A.LT.B
.
.
.
IF(Q)GO TO 39
```

[1]) Diese Definition wird an späterer Stelle erweitert.

13.3. Beispiele und Übungen

Beispiele und Übungen sollen hier so gehandhabt werden, daß mit den Namen einer Variablen stets der Typ verbunden ist, der der Verwendung des Namens entspricht.

Ü. 13.3.1. Die Lösungen des Gleichungssystems

$$a_1x + b_1y = c_1$$

$$a_2x + b_2y = c_2$$

sind bekanntlich

$$x = \frac{c_1b_2 - c_2b_1}{a_1b_2 - a_2b_1}$$

$$y = \frac{a_1c_2 - a_2c_1}{a_1b_2 - a_2b_1},$$

falls der Nenner von Null verschieden ist.
Die unmittelbar aus der Formel sich ergebenden **FORTRAN**-Anweisungen wären dann:

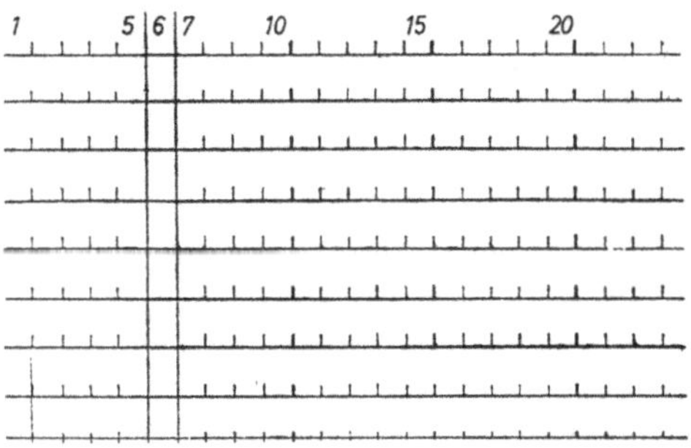

Mit der logischen if-Anweisung ließe sich das Programm so schreiben

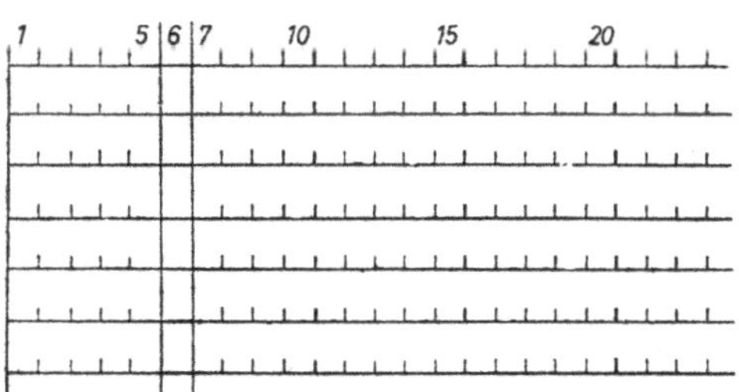

Die Variable Q kann vermieden werden, wenn man die Anweisung 100 in der Form IF(H.EQ.O.)STOP schreibt.
Ü. 13.3.2. Die Wurzeln der quadratischen Gleichung $Ax^2 + Bx + C = 0$ sind $x_{1,2} = \frac{1}{2A}(-B \pm \sqrt{B^2 - 4AC})$. Hierfür sollen entsprechende FORTRAN-Anweisungen angegeben werden.

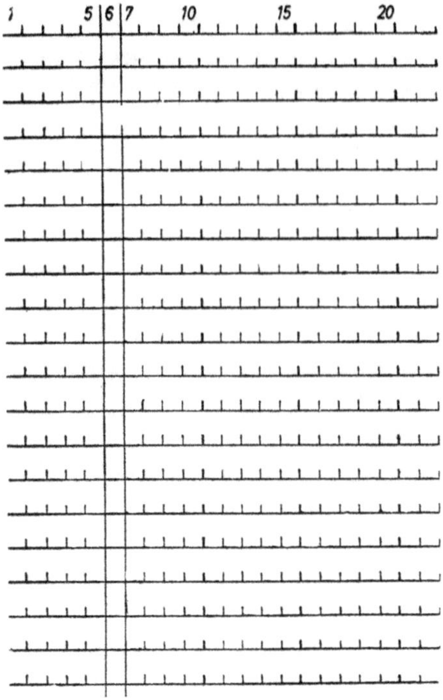

Bemerkungen zu diesem Beispiel:

STATEMENT NUMBER	
100	Die Hilfsgröße H wird gebildet, um die Division nicht wiederholt ausführen zu müssen
101	Verzweigung erfolgt über eine arithmetische if-Anweisung
102	Im Fall komplexer Wurzeln werden beide Lösungen gespeichert, das ließe sich durch das entsprechende Interpretieren einer Lösung natürlich vermeiden
103	Q dient zur Kennzeichnung, ob reelle oder komplexe Lösungen vorliegen

Ü. 13.3.3. Die Funktion f(**x**) sei definiert durch

$$f(x) = \begin{cases} \dfrac{1}{1+x} \text{ für } x \leqq 0 \\ -\dfrac{1}{100}x^2 + 1 \text{ für } 0 \leqq x \leqq 5 \\ \dfrac{15}{4x} \text{ für } 5 < x \leqq 30 \\ \dfrac{1}{8} \text{ für } x > 30 \end{cases}$$

Es sind Anweisungen anzugeben, die zu einem beliebigen Wert von x den Funktionswert y berechnen.

14. Anweisungen zur Programmorganisation

14.1. Haltanweisung

haltanweisung ::= STOP | STOP *oktalzahl*
oktalzahl ::= *oktalziffer* | *oktalzahl* ∪ *oktalziffer* {maximal 5 Ziffern}

Beispiel: STOP444

Die Haltanweisung — sie wurde schon verschiedentlich benutzt — bewirkt die Beendigung eines Programms und Rückkehr zu dem den Programmablauf organisierenden Programmsystem. Die Oktalzahl ist ganzzahlig, höchstens fünfstellig und dient nur dem Zweck, anzuzeigen, von welcher Haltanweisung die Rückkehr zum zentralen Programmsystem (Monitorsystem) erfolgt ist.

14.2. Warteanweisung

warteanweisung ::= PAUSE | PAUSE *oktalzahl*

Beispiel: PAUSE77777

Die Warteanweisung bewirkt, daß die Rechnung unterbrochen und die Oktalzahl in einer Anzeigeeinrichtung sichtbar gemacht wird. Ist eine Oktalzahl nicht angegeben, so erscheint O. Dem Programmierer ist es an diesen Stellen möglich, mit der Hand in den Programmablauf einzugreifen, etwa Parameter einzugeben. Durch erneutes Starten des Programms wird die Abarbeitung fortgesetzt.

14.3. Folgeanweisung

folgeanweisung ::= CONTINUE

Die Folgeanweisung ist eine Leeranweisung. Sie kann durch eine Marke gekennzeichnet sein und kann durch einen Sprungbefehl erreicht werden. Über die Anwendung der Folgeanweisung informiert der nächste Abschnitt.

15. Laufanweisungen

Laufanweisungen dienen zur programmierungstechnischen Darstellung von zyklischen Programmteilen. Treten etwa in einem Programm die indizierten Variablen A(1), A(2), ..., A(30) auf und soll

$$S = \frac{1}{A(1)} + \frac{1}{A(2)} + \dots + \frac{1}{A(30)}$$

gebildet werden, so würde sich das mit Hilfe der Sprunganweisung und der bedingten Anweisung folgendermaßen schreiben lassen.

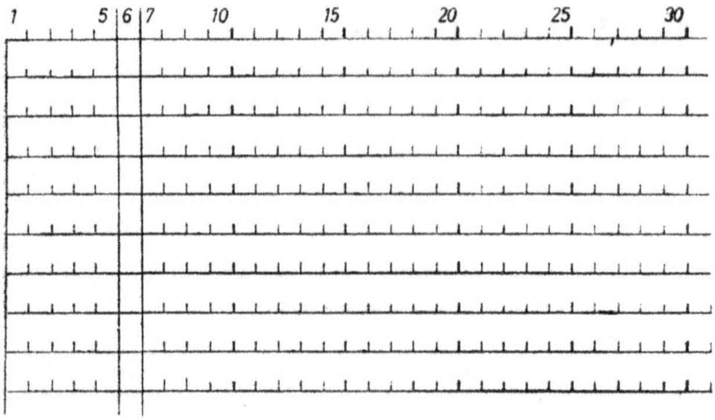

Dieses Programmstück läßt sich nun mit Hilfe von Laufanweisungen verkürzen zu:

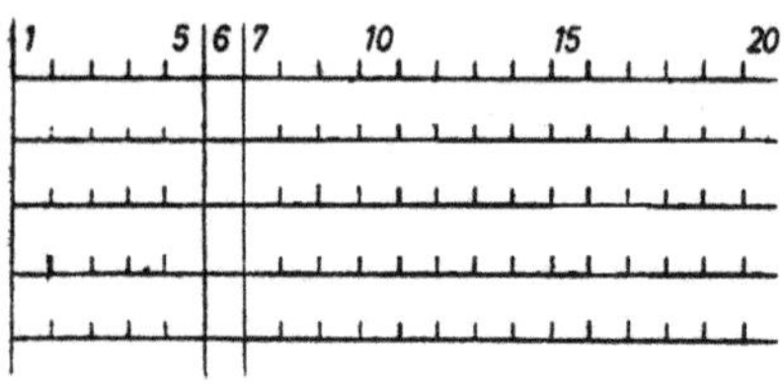

Die hierin durch das standardisierte Wort DO eingeleitete Anweisung heißt Laufanweisung. Sie ist so zu interpretieren, daß alle auf die Laufanweisung folgenden Anweisungen wiederholt auszuführen sind, und zwar bis zu der Anweisung, die die Marke hat, die unmittelbar nach DO angegeben ist (im Beispiel also 3).
I heißt Laufvariable.
Die Struktur I = 1, 30, 1 bedeutet folgendes:
Bei der Realisierung der Anweisungen, die zu der Laufanweisung gehören, soll die Laufvariable I zuerst den Wert 1 erhalten (I = *1*, 30, 1). Der Wert von I soll dann bei jedem Durchlauf um 1 erhöht werden (I = 1, 30, *1*), und zwar so lange, bis I den Wert 30 hat (I = 1, *30*, 1). Mit diesem Wert ist die Laufanweisung zum letzten Male auszuführen, dann wird das Programm mit der Anweisung fortgesetzt, die auf die Laufanweisung folgt.
Ändern wir das Beispiel noch etwas ab:

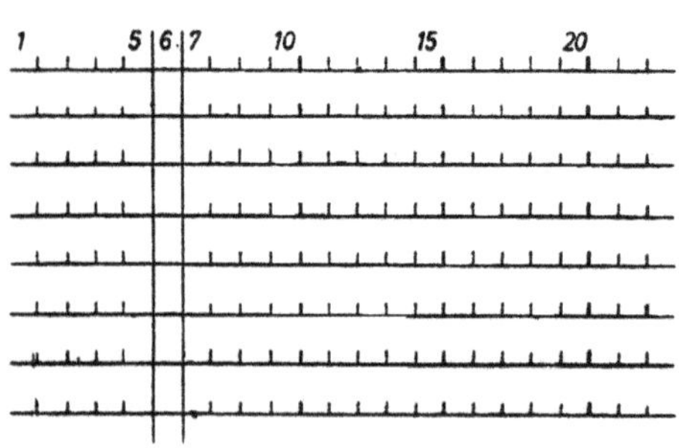

Diesmal werden für jeden Wert von I zwei Anweisungen ausgeführt, nämlich die mit 11 und 3 markierten. Die Marke 11 ist im übrigen ohne jede Bedeutung.

Nach diesen Vorbetrachtungen wird die allgemeine Definition der Laufanweisung verständlich sein.

laufanweisung ::= DO *marke* ∪ *laufvariable* = *laufliste*

laufvariable ::= *nichtindizierte variable* {vom Typ „ganzzahlig"}

laufliste ::= *lauflistenelement*, *lauflistenelement*, *lauflistenelement* | *lauflistenelement*, *lauflistenelement*

lauflistenelement ::= *natürliche konstante* / *nichtindizierte variable*

Beispiele:

DO 10 K=1,100,3
DO 173 I=N,K,2
DO 25 J=4,M,1

Falsch hingegen sind

DO 110 K=1.,100,2	reelle Konstante
DO100000M=I,12,1.	Marke nur fünfstellig
DO 1 L=2,20,N(1)	indizierte Variable

Erläuterungen

Zur Abkürzung soll die Laufanweisung in der Form

$$\boxed{\text{DO n i}=k_1,\ k_2,\ k_3}$$

geschrieben werden, worin also n eine Marke ist, i die Laufvariable, k_1, k_2, k_3 die Lauflistenelemente.

1. k_1 gibt die untere Grenze der Laufvariablen an, k_2 die obere Grenze, k_3 die Schrittweite, mit der die Laufvariable erhöht wird.
2. Die Laufanweisung kann verkürzt werden:

   $$\boxed{\text{DO n i}=k_1,\ k_2}$$

   Es ist dann zu denken $k_3 = 1$.
3. Die Laufanweisung ist auch dann realisiert, wenn die obere Grenze überschritten wird, ohne daß der Wert der oberen Grenze angenommen wurde. So wird die Laufanweisung DO 19 I=1, 6, 3 nur zweimal durchlaufen, nämlich für I=1 und für I=4.

4. Wenn die Laufanweisung völlig abgearbeitet wurde, ist der Wert der Laufvariablen nach dem Verlassen der Laufanweisung nicht erklärt. Die Anweisungsfolge

```
      DO 5 J=1,4
    5 S=S+A(I)
      N=J
```

ist also falsch.

5. Die Abarbeitung der zu einer Laufanweisung gehörenden Anweisungen kann durch eine Sprunganweisung beendet werden, etwa in folgender Form:

```
      DO 100 J=1,K,2
      .
      .
      .
      IF(A.LE.B) GO TO 9
      .
      .
      .
  100 Z=X+Y(I,K)
    9 V=1.2
```

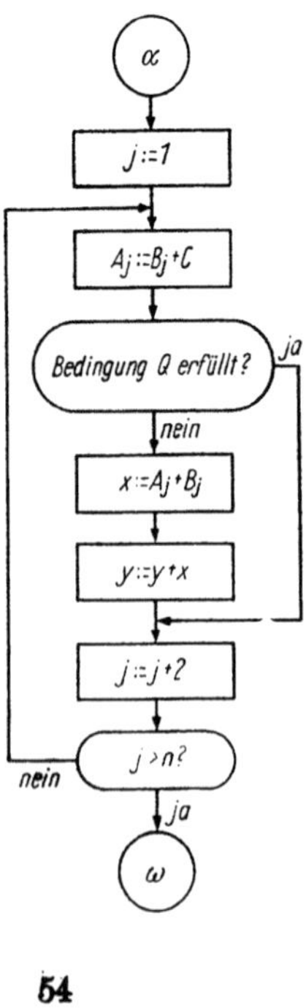

Bild 7. Diagramm zur Laufanweisung

In diesem Fall hat nach dem Verlassen der Laufanweisung die Laufvariable den Wert, den sie bei der Ausführung der Sprunganweisung hatte.

6. Bild 7 zeigt das Strukturprogramm einer speziellen Laufanweisung. In diesem Diagramm werden einige zur Laufanweisung gehörende Anweisungen nur dann ausgeführt, wenn die Bedingung Q nicht erfüllt ist. Wenn die Bedingung Q erfüllt ist, wird an das Ende der Laufanweisung gesprungen, und die Laufanweisung wird mit dem nächsten Wert der Laufvariablen wiederholt.

   In der FORTRAN-Darstellung ist es jedoch nicht möglich, zur letzten Anweisung innerhalb der Laufanweisung zu springen, weil diese durch den Sprungbefehl erreichte Anweisung dann vor der Wiederholung des Zyklus auch ausgeführt würde.

   Es ist jedoch auch verboten, aus der Laufanweisung an den Anfang dieser Laufanweisung zurückzuspringen. Deshalb muß als letzte Anweisung die Folgeanweisung CONTINUE (s. a. Abschn. 14.3.) verwendet werden. Mit den Bezeichnungen von Bild 7 hieße das Programmstück dann wie folgt:

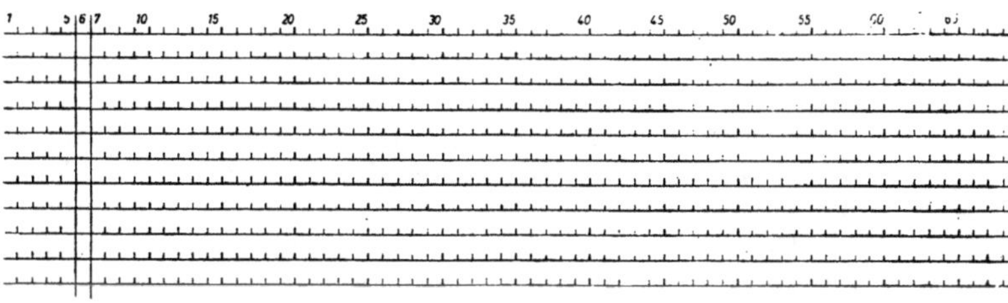

7. Die Marke n darf nicht zu einer Haltanweisung, Warteanweisung, Sprunganweisung, Laufanweisung oder einer arithmetischen if-Anweisung gehören. So sind also die Programmstücke

```
      DO 13 I=1,6
      .
      .
      .
   13 GO TO 5
```

und

```
      DO 25 I=2,420,3
      .
      .
      .
   25 IF(A—B/.2)11,14,19
```

syntaktisch falsch.

Es kann aber die Marke n eine logische if-Anweisung bezeichnen, die nicht eine der obigen Anweisungen enthält d. h.,

```
      DO 88 L=5,401,5
      .
      .
      .
   88 IF(A.GE.B)T(L)=S(L+1)
      .
      .
    6 A=D
```

ist syntaktisch richtig,

```
      DO 88 L=5,401,5
      .
      .
      .
   88 IF(A.GE.B) GO TO 17
    6 A=D
```

ist syntaktisch falsch.

Die syntaktisch richtige Anweisung wird dann so behandelt, daß zuerst geprüft wird, ob der logische Ausdruck (im Beispiel A. GE. B) den Wert „wahr“ oder „falsch“ hat. Im ersten Fall wird die Anweisung ausgeführt [im Beispiel T(L)=S(L+1)], im zweiten Fall wird der Zyklus der Laufanweisung mit der erhöhten Laufvariablen wiederholt, wenn die obere Grenze der Laufanweisung noch nicht erreicht ist. Sonst wird mit der folgenden Anweisung fortgesetzt (im Beispiel also 6).

Übungen

Ü. 15.1. Man gebe ein Programmstück an zur Berechnung des Wertes von

$$P(x) = 2{,}4x^4 + 1{,}86x^3 - 0{,}9325x^2 - 1{,}414x + 1{,}9 \quad (x=x_0)\,.$$

Ü. 15.2. Man gebe ein Programmstück zur Berechnung von

$$P(x) = A_n x^n + A_{n-1}x^{n-1} + \dots + A_1 x + A_0$$

an, wenn x den aktuellen Wert x_0 hat. Das Programm ist

a) ohne Verwendung der Laufanweisung

b) mit Verwendung der Laufanweisung zu schreiben $(n=n_0)$.

Ü. 15.3. $P_i(x) = A_i x^4 + B_i x^3 + C_i x^2 + D_i x + E_i$ soll für Koeffizienten A_i, B_i, C_i, D_i, E_i ($1 \leqq i \leqq 30$) berechnet werden, wobei x wieder den aktuellen Wert x_0 habe. Man stelle das Programm mittels Laufanweisung dar.

Ü. 15.4. Man gebe eine FORTRAN-Darstellung an zur Berechnung von

$$Z = \frac{1}{n} \sum_{k=1}^{n} x_k^3 + \frac{1}{n-1} \sum_{k=1}^{n+3} x_k^2 + \sum_{k=1}^{n} x_k y_k .$$

16. Verschachtelte Laufanweisungen

16.1. Mehrfache Zyklen

Wir betrachten noch einmal eine Laufanweisung und schreiben symbolisch:

```
      DO n I=k1,k2,k3
      Anweisung 1
      Anweisung 2
      .
      .
      .
    n Anweisung m
```

Durch die Marke n sind alle Anweisungen zusammengefaßt, die bei jedem Durchlauf des Zyklus zu realisieren sind. Auch die mit der Marke n gekennzeichnete Anweisung gehört zu diesem Zyklus. Die zu einer Laufanweisung gehörenden ausführbaren Anweisungen heißen Bereich der Laufanweisung. Nun ist es prinzipiell möglich, daß unter den Anweisungen, die oben symbolisch mit Anweisung 1,... Anweisung m bezeichnet sind, selbst wieder Laufanweisungen auftreten. Man spricht dann von verschachtelten Laufanweisungen. Für verschachtelte Laufanweisungen gilt, daß die innere Laufanweisung vollständig im Bereich der äußeren enthalten sein muß.

Beispiele:

Richtig	Falsch
DO 80 I=1,M Anweisung DO 33 K=2,M1,2 Anweisung 33 Anweisung Anweisung 80 Anweisung	DO 80 I=1,M Anweisung DO 33 K=2,M1,2 Anweisung 80 Anweisung Anweisung 33 Anweisung
DO 80 I=1,M Anweisung DO 80 K=2,M1,2 80 Anweisung	

16.2. Sprunganweisungen in Laufanweisungen

Innerhalb des Bereichs einer Laufanweisung dürfen Sprunganweisungen oder arithmetische if-Anweisungen auftreten, nur nicht als letzte Anweisung. Diese Anweisungen dürfen auch aus der Laufanweisung hinausführen, andererseits ist es aber nicht gestattet, in den Bereich einer Laufanweisung hineinzuspringen. Zulässige und verbotene Sprünge zeigt Bild 8.

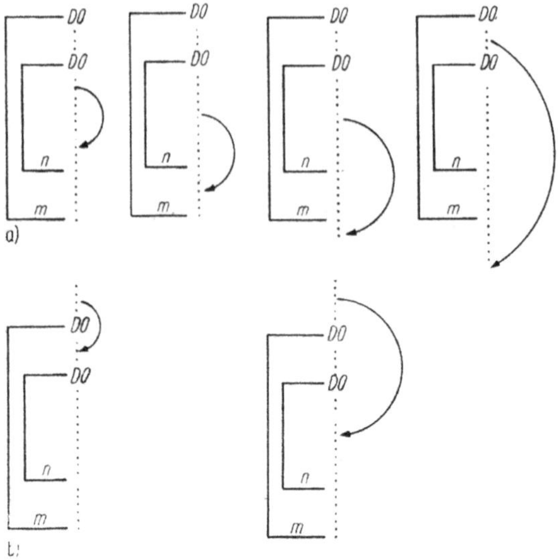

Bild 8a. Zulässige Sprünge in Laufanweisungen
Bild 8b. Unzulässige Sprünge in Laufanweisungen

Auf einen Fall ist noch hinzuweisen: Es ist gestattet, aus der inneren Schleife einer Laufanweisung herauszuspringen und wieder in diese Schleife zurückzuspringen, solange nicht die Werte der Auflistenelemente und der Laufvariablen geändert worden sind.

Übungen

Ü. 16.2.1. P(x) sei wie im Abschn. 15.1. gegeben. Man gebe ein Programm zur Berechnung der Werte $P(x_i)$ an, wenn x das Intervall von a bis b mit der Schrittweite

$$\Delta x = \frac{b-a}{m}$$

durchläuft.

Ü. 16.2.2. Unter Verwendung der Polynome von Abschn. 15.3. gebe man ein Programmstück zur Berechnung der Werte $P_{j1}(x_i)$ an, wenn wiederum die 30 Koeffizientensätze gegeben sind und x das Intervall von a bis b mit der Schrittweite

$$\Delta x = \frac{b-a}{m}$$

durchläuft. Die Funktionswerte sollen den indizierten Variablen P(J,I) zugeordnet werden.

Ü. 16.2.3. Matrizenmultiplikation

$\mathfrak{A}$ sei Matrix mit m Zeilen und n Spalten, $\mathfrak{B}$ sei Matrix mit n Zeilen und k Spalten. Zu berechnen ist die Matrix $\mathfrak{C} = \mathfrak{A} \cdot \mathfrak{B}$.

17. Typanweisungen

17.1. Funktion der Typanweisungen

Wir haben bisher die Programmgrößen durch Namen beschrieben und uns auf den Standpunkt gestellt, daß diesen Namen in sinnvoller Weise Speicherbereiche und Werte zugeordnet seien.

Nun stellt jedoch das FORTRAN-Programm ein Pseudoprogramm dar, das erst durch ein Compilerprogramm in ein Maschinenprogramm umgewandelt wird, bevor es realisiert werden kann. Deshalb muß das FORTRAN-Programm Informationen enthalten über die Beschaffenheit der Werte, die während des Programmablaufs den Namen zugeordnet werden sollen. Das soll heißen, daß in dem FORTRAN-Programm festgelegt werden muß, ob Speicherbereiche für ganzzahlige Werte, für reelle Werte, für logische Werte oder für komplexe Zahlen reserviert werden müssen.

Stellen wir uns für einen Augenblick auf den Standpunkt, daß ein FORTRAN-Programm mittels eines Compilerprogramms in ein Maschinenprogramm umgewandelt werden soll, wobei in der Rechenanlage

ganze Zahlen	4 Speicherplätze
reelle Zahlen	8 Speicherplätze
logische Werte	1 Speicherplatz
Zahlen mit doppelter Genauigkeit	16 Speicherplätze
komplexe Zahlen	16 Speicherplätze

benötigen.

Dann müßte das Compilerprogramm den im FORTRAN-Programm auftretenden Namen entsprechende Speicherbereiche zuweisen und ein Verzeichnis anlegen, in dem die Zuordnung

Name — Adresse im Speicherbereich

fixiert ist (der Compiler legt ein Adreßbuch an).

Ein solches Adreßbuch kann jedoch nur angelegt werden, wenn dem Compilerprogramm neben dem Namen auch mitgeteilt wird, welcher Zahlentyp diesem Namen zugeordnet ist. Anderenfalls müßte jedem Namen der maximale Speicherplatz (im Beispiel sind es 16 Speicherplätze) zugewiesen werden. Das ginge prinzipiell, wenn dabei auch der Speicher unrationell genutzt würde.

Da jedoch die Variablen in irgendeiner Weise verarbeitet werden sollen muß das Compilerprogramm Maschinenbefehle herstellen, die den Transport von Informationen, arithmetische Verknüpfungen von Werten od. dgl. bewirken. In dem vom Compilerprogramm erzeugten Maschinenprogramm muß aber unterschieden werden, ob es sich bei den Operanden etwa um ganze Zahlen oder reelle Zahlen handelt, da ja in dem einen Fall die gespeicherten Informationen anders interpretiert werden als im anderen. Der Compiler muß also beim Herstellen des Maschinenprogramms jedem Namen, der in dem FORTRAN-Programm auftaucht, nicht nur entsprechenden Speicherplatz (abhängig von der maschineninternen Darstellung der Informationen), sondern auch Maschinenbefehle zuordnen können, die die Informationen richtig interpretieren. Deshalb muß das FORTRAN-Programm so aufgebaut sein, daß beim Auftreten eines Namens auch festliegt, von welchem Typ die Programmgrößen sind, die diesem zugeordnet werden, es muß den Programmvariablen ein Typ zugewiesen werden.

17.2. Implizite und explizite Typanweisungen

In FORTRAN unterscheidet man fünf Typen von Variablen und nennt diese Typen wie folgt:

INTEGER
REAL
DOUBLE PRECISION
COMPLEX
und LOGICAL.

typ ::= INTEGER | REAL | DOUBLE PRECISION | COMPLEX | LOGICAL

Im Abschn. 4. sind ganzzahlige, reelle, logische, komplexe Konstanten und Konstanten mit doppelter Genauigkeit erläutert worden. Da jeder Konstanten unmittelbar ihr Typ zu entnehmen ist, kann das Compilerprogramm sowohl einen entsprechenden Konstantenspeicher einrichten als auch korrekte Maschinenbefehle herstellen.

Bei der Verwendung von Namen zur Kennzeichnung von Programmgrößen war folgende Vereinbarung getroffen worden: Wenn der erste

Buchstabe des Namens I, J, K, L, M oder N ist, soll die durch den Namen adressierte Variable vom Typ ganzzahlig sein, sonst vom Typ reell. Diese Vereinbarung gilt in FORTRAN stets, wenn nicht über den Typ von Variablen ausdrücklich anders verfügt worden ist. In jedem Namen ist also implizit eine Typvereinbarung enthalten.
Explizit kann einem Namen ein Typ durch eine explizite Typanweisung zugeordnet werden. Sie hat folgende syntaktische Struktur:

explizite typanweisung ::= INTEGER ␣ *liste* |
REAL ␣ *liste* |
DOUBLE PRECISION ␣ *liste* |
COMPLEX ␣ *liste* |
LOGICAL ␣ *liste*

liste ::= *name* | *liste*, *name*

Beispiele:

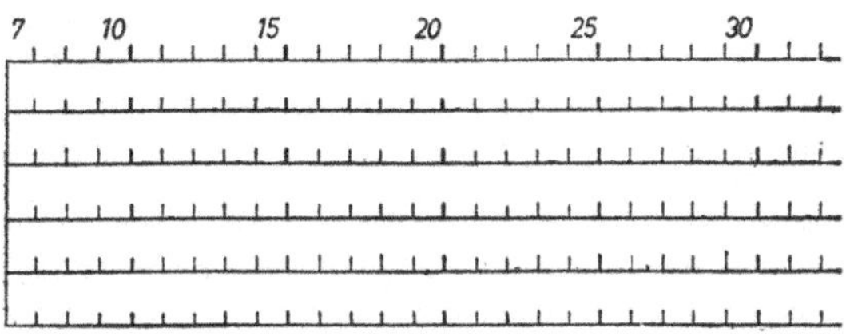

Einer expliziten Typanweisung entspricht eine Kopfzeile (evtl. außerdem Folgezeilen) auf dem Programmformular. In der ersten Typanweisung ist das Anführen von NY entbehrlich, da NY durch implizite Typanweisung auch der Typ INTEGER zugeordnet würde; entsprechend verhält es sich mit der zweiten Typanweisung mit TAU und STREU.
Es sei noch betont, daß es keine Vereinbarungen für Hollerithvariablen gibt (vgl. dazu den nächsten Abschnitt).

17.3. Zuweisung von Anfangswerten

Die Zuweisung von Anfangswerten zu den Namen von Variablen kann durch eine besondere Anweisung vorgenommen werden.
Diese Anweisung hat folgende Struktur:

anfangswertanweisung ::= DATA *anfangswertliste*
{vgl. zur Syntax auch die folgenden Erläuterungen}

anfangswertliste ::= *namensliste* / *konstantenliste* / |
anfangswertliste, *anfangswertliste*

namensliste ::= *name* | *namensliste*, *name*

konstantenliste ::= *numerische konstante* {wahlweise mit Vorzeichen}
natürliche konstante * *numerische konstante* |
hollerithkonstante |
konstantenliste, *konstantenliste*

Beispiele:

```
DATA X,Y,Z/1.,—1.,0./
DATA A,D(1)/3.73,.437E—6/,B,D(2),D(3)/3*0./,J/1/
DATA ZETA/(2.,1.)/
DATA DRUCK/11HERGEBNISb=b/
```

Erläuterungen

1. Den Variablennamen werden die Anfangswerte zugewiesen, die — in Schrägstriche eingeschlossen — auf die Liste folgen. Im ersten Beispiel erhält X den Wert 1,0, Y den Wert —1,0 und Z den Wert 0.
2. Die Anzahl der Eintragungen in der Namensliste muß mit der Anzahl der Eintragungen in der Konstantenliste übereinstimmen.
3. In der Namensliste können auch indizierte Variablen auftreten (zweites Beispiel), jedoch müssen die auftretenden Indexausdrücke Konstanten sein.
4. Treten in der Namensliste mehrere Namen hintereinander auf, denen derselbe Wert zugewiesen werden soll, so kann an die Stelle einer Wiederholung der Konstanten eine verkürzte Darstellung in der Form k * *numerische konstante*[1]) treten, wobei k eine natürliche Zahl ist, die die Anzahl der Wiederholungen bezeichnet. Im zweiten Beispiel wird damit der Wert 0 den Variablen B,D(2) und D(3) zugewiesen.
5. In der Liste der Konstanten dürfen auch Hollerithkonstanten auftreten. So wird im vierten Beispiel der Variablen DRUCK die Zeichenfolge ERGEBNIS *b* = *b* zugewiesen. Auch Hollerithkonstanten können wiederholt werden.[2])

17.4. Mehrfache Benutzung von Speicherplätzen

In FORTRAN gibt es verschiedene Möglichkeiten, über Speicherbereiche während der Abarbeitung des Programms zu verfügen. Eine dieser Möglichkeiten ist die Äquivalenzanweisung. Mittels dieser Anweisung kann man innerhalb eines Programmabschnitts die Speicherbelegung für bestimmte Variable steuern. So kann mehreren Variablen, auch Variablen verschiedenen Typs, derselbe Speicherplatz zugewiesen werden.

Syntax: *äquivalenzanweisung* ::= EQUIVALENCE ⊔ *äquivalenzliste*
äquivalenzliste ::= (*namensliste*) | *äquivalenzliste, äquivalenzliste*

Beispiele:

```
EQUIVALENCE (X,Y,Z)
EQUIVALENCE (A(1),MAX,MIN,DIFF),(S1,S2)
EQUIVALENCE (Q,PXO,I1,I2)
```

Erläuterung

Allen Variablen einer in Klammern eingeschlossenen Gruppe von Variablen wird bei der Erzeugung des Maschinenprogramms derselbe Speicherplatz zugewiesen. Dadurch kann der Speicherbedarf des Programms vermindert werden.

[1]) Wahlweise mit Vorzeichen.
[2]) Über die Abspeicherung von Hollerithkonstanten s. RA 74.

18. Felder

18.1. Möglichkeiten der Feldvereinbarung

Die Reservierung des Speicherplatzes für indizierte Variablen (Abschn. 4.) erfolgt durch Feldvereinbarungen. Diese Vereinbarungen müssen neben der Angabe des Feldnamens zwei Informationen enthalten, nämlich eine über den Typ der Feldelemente und eine zweite über den Umfang des Feldes.

Es gibt in FORTRAN drei verschiedene Möglichkeiten, Felder zu vereinbaren, und zwar

a) durch Dimensionsanweisung

b) durch Typanweisung

c) durch common-Anweisung.

Es sollen hier die Möglichkeiten a) und b) besprochen werden, auf Punkt c) wird im Abschn. 19. eingegangen.

Das Reservieren von Speicherplatz für die Elemente eines Feldes kann dadurch geschehen, daß durch eine explizite Typanweisung dem Feldnamen ein Typ zugeordnet und durch eine weitere Anweisung, eine Dimensionsanweisung, der Umfang des Feldes beschrieben wird.

Soll etwa für die Werte einer Stichprobe $x_1, x_2, x_3, \ldots, x_{30}$ Speicherplatz reserviert werden, so könnte das durch die Anweisungen

```
REAL X
DIMENSION X(30)
```

geschehen. Hierdurch wären die reellen indizierten Variablen X(1),X(2), ...,X(30) vereinbart.

Eine Matrix $\mathfrak{A}$ mit 12 Zeilen und 10 Spalten kann, wenn die Elemente der Matrix ganzzahlig sein sollen, durch

```
INTEGER A
DIMENSION A(12,10)
```

n da s FORTRAN-Programm eingeführt werden.

Vom Compilerprogramm würden dann $12 \cdot 10 = 120$ Speicherplätze für ganzzahlige Werte reserviert werden.

Man entnimmt diesen Beispielen schon, daß in der Dimensionsanweisung die oberen Grenzen der Indizes angegeben werden, wobei stets die untere der Indizes 1 ist. Durch die Deklaration des Feldes A wären also indizierte Variable A(I,J) eingeführt, wobei $1 \leqq I \leqq 12$ und $1 \leqq J \leqq 10$ gelten muß Kann der Feldname so gewählt werden, daß eine implizite Typzuweisung dem Typ der Feldelemente entspräche, so kann auf die Typanweisung verzichtet werden. So wird durch

```
DIMENSION ALPHA(100)
```

ein Speicherbereich für 100 reelle Variable ALPHA (I) reserviert. Es ist ferner möglich, in einer Dimensionsanweisung den Umfang mehrerer Felder festzulegen:

```
DIMENSION B(10,10),MY(100)
```

Die Angaben in der Dimensionsanweisung, bestehend aus dem Feldnamen und den oberen Grenzen für die Indizes, heißen Felddeklarationen.
Werden Typ der Feldelemente und Umfang des Feldes durch eine Typanweisung beschrieben, so wird der Felddeklarator unmittelbar nach dem Typ angegeben. Die eben erläuterten Beispiele ließen sich in dieser Anweisung schreiben als

```
REAL X(30)
```

oder

```
INTEGER A(12,10).
```

Diese Vorbetrachtungen werden nun im folgenden Definitionsschema zusammengefaßt:

felddeklarator ::= *feldname* (*begrenzerliste*)

feldname ::= *name*

begrenzerliste ::= *obere grenze* |
obere grenze, *obere grenze* |
obere grenze, *obere grenze*, *obere grenze*
{die Anzahl der Angaben in dieser Liste heißt die Dimension des Feldes}

obere grenze ::= *natürliche konstante* |
nichtindizierte variable
{vom Typ INTEGER} [1])

dimensionsanweisung ::= DIMENSION *felddeklarator* |
dimensionsanweisung, *felddeklarator*

typanweisung ::= *explizite typanweisung*

explizite typanweisung ::= *typ* ⊔ *liste*

liste ::= *variablenname* |
feldname |
felddeklarator | *liste*, *liste* [2])

feldvereinbarung ::= *dimensionsanweisung* |
typanweisung [3])

[1]) Wenn Indexgrenzen in der Feldvereinbarung durch Variablennamen angegeben sind, spricht man von veränderlichen Feldern. Solche Felder dürfen nur in Unterprogrammen auftreten.

[2]) Das ist eine Erweiterung der Definition aus Abschn. 17.

[3]) Erweiterung s. Abschn. 19.

18.2. Speicherung und Adressierung von Feldelementen

Die Elemente eines Feldes werden prinzipiell hintereinander gespeichert. Ein zweidimensionales Feld wird spaltenweise gespeichert, also in der Reihenfolge

A(1,1),A(2,1),A(3,1),. . . ,A(1,2),A(2,2),A(3,2), . . . ,A(n,1),A(n,2), A(n,3),. . .

Ist das Feld letztlich dreidimensional, so erfolgt zuerst die Erhöhung des ersten Index, anschließend wird der zweite Index um 1 erhöht und der erste Index wiederum variiert, entsprechend wird mit dem dritten Index verfahren. Zur Erläuterung sei ein Feld F(I,J,K) betrachtet, worin I die Werte 1 und 2 annehmen kann, J die Werte 1, 2 und 3 und K die Werte von 1 bis 4. Die Elemente des Feldes würden dann folgendermaßen gespeichert werden:

F(1,1,1), F(2,1,1), F(1,2,1), F(2,2,1), F(1,3,1), F(2,3,1),

F(1,1,2), F(2,1,2), F(1,2,2), . . ., F(2,3,4).

Bild 9 erläutert dieses Speichern.

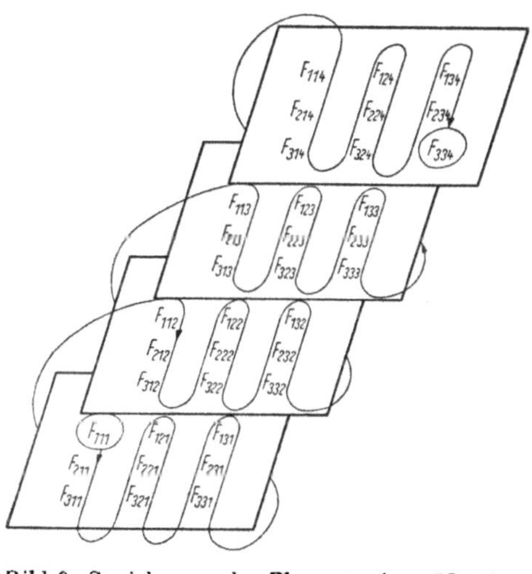

Bild 9. Speicherung der Elemente einer Matrix

Im weiteren können die Feldelemente durch Angabe des Feldnamens und der Indizes adressiert werden (Feldelementnamen). Es kann jedoch auf der Position der Indizes in Äquivalenzanweisungen auch ihre relative Stellung zum Feldanfang angegeben werden. Das Zuweisen von Anfangswerten zu Feldelementen erfolgt analog zu Abschn. 17.3. durch die DATA-Anweisung. Einer indizierten Variablen in der Anfangswertliste muß eine Konstante in der Konstantenliste entsprechen. Sollen allen Elementen eines Feldes Werte zugewiesen werden, so sind in der Anfangswertliste alle Feldelemente anzugeben, in der Konstantenliste sind so viele Konstanten aufzuführen, wie das Feld Elemente hat.

Beispiel:

```
LOGICAL Q(3)
DATA Q(1),Q(2),Q(3)/.TRUE.,2*FALSE./
```
[1]

Sollen Speicherbereiche für Felder insgesamt oder teilweise mehrfach benutzt werden, so kann das wieder mittels der Äquivalenzanweisung erreicht werden.
So würde durch die Anweisungen

```
DIMENSION X(10),Y(5)
EQUIVALENCE (X(7),Y(1))
```

folgende Speicherplatzbelegung erreicht werden:

X(1)	X(2)	X(3)	X(5)	X(6)	X(7)	X(8)	X(9)	X(10)	
					Y(1)	Y(2)	Y(3)	Y(4)	Y(5) [2]

Entsprechend können die Speicherplätze von Feldern unterschiedlicher Dimension zugeordnet werden:

```
DIMENSION X(3,3),Y(8)
EQUIVALENCE (X(3,1),Y(1))
```
ergäbe folgende Speicherplatzbelegung:

X(1,1)	X(2,1)	X(3,1)	X(1,2)	X(2,2)	X(3,2)	X(1,3)	X(2,3)	X(3,3)	
		Y(1)	Y(2)	Y(3)	Y(4)	Y(5)	Y(6)	Y(7)	Y(8)

Übungen

Ü. 18.2.1. Wie läßt sich das letzte Beispiel abändern?

Ü. 18.2.2. Warum sind folgende Anweisungen nicht korrekt?

```
DIMENSION X(6), Y(6), Z(6),
EQUIVALENCE (X(2),Y(1),Z(3)),(X(4),Y(4),Z(5))
```

[1] Diese Anfangswertzuweisung ist für größere Felder zu umständlich. Deshalb lassen spezielle FORTRAN-Varianten es auch zu, daß in der Anfangswertliste der Name des Feldes angegeben wird.

Beispiel:
```
LOGICAL Q
DIMENSION Q(3), A(6)
DATA Q/.TRUE.,.FALSE.,.FALSE./B,C,A/2.7,-0.1,6*1.0/
```

Hiernach erhält Q(1) den Wert .TRUE., Q(2) und Q(3) erhalten die Werte .FALSE.,B erhält den Wert 2,7, C den Wert —0,1 und den sechs indizierten Variablen wird der Anfangswert 1 zugewiesen.

[2] In konkreten FORTRAN-Variablen muß der Programmierer noch den Typ der Variablen beachten, wenn er Feldelemente äquivalent setzt, weil die Länge der Speicherbereiche vom Typ abhängt.

19. Globale Variablen

19.1. Bemerkungen zur Programmstruktur

Es sei jetzt die Gesamtstruktur eines FORTRAN-Programms betrachtet, das bestimmte Berechnungen ausführen soll. Dieses Programm besteht aus mehreren unabhängig übersetzbaren Teilen.

Solche Teile sind z. B. Unterprogramme, die gewisse Teile der Rechnungen ausführen, oder Vereinbarungen und Anweisungen, die Speicherplatz bereitstellen, Anfangswerte festlegen und den Einsatz der Unterprogramme regeln. Der Teil, der die Bereitstellung der Daten, den Einsatz der Unterprogramme und die Zusammenarbeit mit den peripheren Geräten organisiert, nennt man den Hauptteil des Programms.

Es liegt nun nahe, in diesem Hauptteil das Reservieren von Speicherplätzen auch so vornehmen zu können, daß man in jedem untergeordneten Teil Zugriff zu gewissen Programmgrößen hat, so daß also in den untergeordneten Programmteilen keine neue Speicherplatzreservierung erforderlich ist. Gestattete es die Äquivalenzanweisung, innerhalb eines Programmteils Speicherplatz mehrfach zu benutzen, was ja auch eine rationelle Nutzung des Speichers (vor allem des Kernspeichers) ermöglichte, so wäre durch einen global vereinbarten und im ganzen Programm nutzbaren Speicherbereich eine weitere Form einer rationellen Speicherausnutzung gegeben.[1]) Dieser letzte Gedanke spiegelt sich in den Vereinbarungen über globale Variable (common-Variable) wider.

19.2. Die common-Anweisung

Nichtindizierte Variablen und Felder können zu Blöcken zusammengefaßt werden. Das geschieht durch die Anweisung

COMMON $a_1,a_2,a_3,a_4,\ldots,$

wobei die a_i Variablennamen, Feldnamen oder Felddeklaratoren symbolisieren sollen.
In einem besonderen Speicherbereich wird vom Compilerprogramm für diese Variablen und Felder in der Reihenfolge ihres Auftretens zusammenhängend Speicherplatz reserviert. Damit ist es möglich, solche Variablen wie einen Block zu behandeln. Um diese Blockzusammenstellungen im Programm zum Ausdruck zu bringen, werden Blocknamen eingeführt und in Schrägstriche eingeschlossen den Variablennamen vorangestellt. So bedeutet z. B.

COMMON/TEST/XQUER,YQUER,STREU,CHI,

daß die Variablen XQUER,YQUER,STREU,CHI in dem zentralen Speicherbereich hintereinander gespeichert werden und unter dem Blocknamen TEST zusammengefaßt (also adressierbar) sind.

[1]) Über die Verwendung globaler Variabler in Unterprogrammen s. RA74.

Durch eine common-Anweisung können mehrere solcher zentralen Blöcke gebildet werden:

```
COMMON /R/A,B,C/U/I1,I2,I3,M,JOTA
```

Blocknamen sind hierin R und U.

Werden in der common-Anweisung Felddeklaratoren angegeben, so werden dadurch globale Felder eingeführt. Das ist eine dritte Möglichkeit der Vereinbarung von Feldern, und die Definitionen aus Abschn. 18.1. wären durch die common-Anweisung zu erweitern.

Beispiel:

```
INTEGER BETA
COMMON BETA(5, 30)
```

Soll zwar eine Zusammenfassung zu einem Block, doch keine Benennung des Blocks erfolgen, so entfällt der Blockname zwischen den Schrägstrichen.

Solche zentralen Blöcke können also entweder mit Namen versehen sein — dann heißen sie markierte common-Blöcke — oder nicht mit Namen versehen sein — dann werden sie zu einem common-Block, dem leeren common-Block, zusammengefaßt.

Eine durch COMMON eingeleitete Programmzeile, die in der beschriebenen Weise Variablen zu common-Blöcken zusammenfaßt, heißt common-Anweisung.

Innerhalb einer common-Anweisung kann ein Blockname wiederholt auftreten. Das hat zur Folge, daß unter dem Blocknamen weitere Speicherplätze reserviert werden.

Durch die Anweisung

```
COMMON A,B,C/KOEFF/A1,A2,A3,A0//SI,TE/KOEFF/Z
```

entstehen zwei common-Blöcke, nämlich
leerer common-Block

| A | B | C | SI | TE |

und KOEFF

| A1 | A2 | A3 | A0 | Z |

mit den angegebenen Speicherbelegungen.

Das wäre auch durch die Anweisung

```
COMMON A,B,C,SI,TE/KOEFF/A1,A2,A3,A0,Z
```

erreicht worden.

Entsprechend wird es auch gehandhabt, wenn derselbe Blockname in mehreren common-Anweisungen auftritt.

Im Zusammenhang mit der Äquivalenzanweisung ist es möglich, den common-Block zu erweitern. Das soll an einem weiteren Beispiel veranschaulicht werden:

```
DIMENSION VR(5)
COMMON X,Y,THETA,BH
EQUIVALENCE (BH,VR(2))
```

ergibt den common-Block

X	Y	THETA	BH				
		VR(1)	VR(2)	VR(3)	VR(4)	VR(5)	VR(6)

Andererseits ergäbe

```
DIMENSION VR(5)
COMMON X,Y,THETA,BH
EQUIVALENCE (BH,VR(5))
```

die Belegung des common-Blockes

	X	Y	THETA	BH	
VR(1)	VR(2)	VR(3)	VR(4)	VR(5)	VR(6)

,

also eine Erweiterung des Blocks nach vorn. Eine solche Festlegung äquivalenter Speicherbereiche ist nicht statthaft.

Syntaktisches Schema

blockname ::= | *name* {der Blockname darf fehlen}

commonliste ::= /*blockname*/*name* |
commonliste, *name* |
commonliste ␣ *commonliste*
{Wenn *blockname* = *b* ist, kann // am Anfang der *commonliste* entfallen}

commonanweisung ::= COMMON ␣ *commonliste*

Die Verwendung von zentral gespeicherten Variablen wird im nächsten Band im Rahmen der Behandlung der Unterprogrammtechnik in FORTRAN dargestellt.

Lösungen

Wenn gleichartige Aufgaben oder Beispiele behandelt wurden, ist die Lösung nicht angegeben.

Ü. 2.1. Flußdiagramm zur Berechnung des Mittelwerts

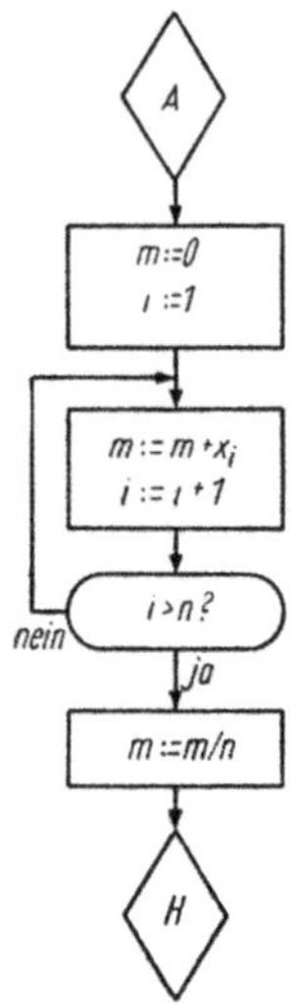

Bild 10. Mittelwertberechnung

Ü. 2.3. Das Polynom Ax^2+Bx+C hat die Nullstellen

$$x_{1,2} = \frac{1}{2A}\left(-B \pm \sqrt{B^2-4AC}\right).$$

Wenn $D = B^2-4AC > 0$ ist, werden den Speicherplätzen x_1 und x_2 folgende Werte zugewiesen:

$$x_1 = \frac{1}{2A}\left(-B + \sqrt{D}\right)$$

$$x_2 = \frac{1}{2A}\left(-B - \sqrt{D}\right)$$

Wenn $D=0$ ist, ist $x_1=x_2=-\frac{B}{2A}$.

Falls $D < 0$, so wird x_1 mit $-\frac{B}{2A}$, x_2 mit $\frac{1}{2A}\sqrt{-D}$ belegt. In diesem Fall wären Realteil und Imaginärteil einer Wurzel gespeichert. Um die gespeicherten Ergebnisse interpretieren zu können, wird eine dritte Programmgröße x_3 mit 0 oder 1 belegt, je nachdem, ob $D \geqq 0$ oder $D < 0$ war. Bild 11 stellt den Algorithmus dar.

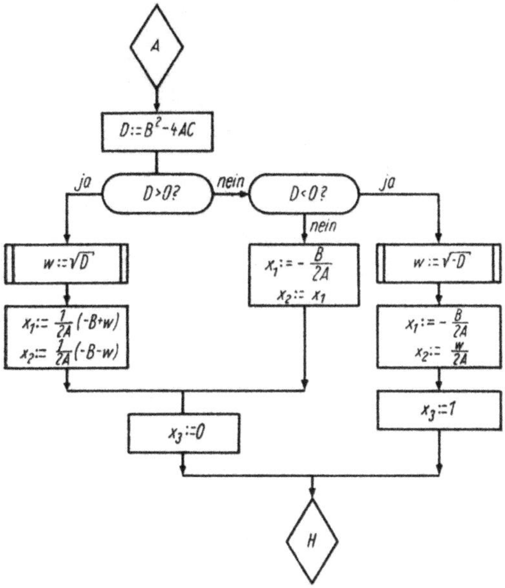

Bild 11. Nullstellen eines quadratischen Polynoms

Ü. 2.4. Es ist

$$\sum_{\nu=0}^{\infty} \frac{x^\nu}{(\nu+1)(\nu+2)(\nu+3)} = \frac{1}{1 \cdot 2 \cdot 3} + \frac{x}{2 \cdot 3 \cdot 4} + \frac{x^2}{3 \cdot 4 \cdot 5}$$

$$+ \dots + \frac{x^n}{(n+1)(n+2)(n+3)} + \dots$$

Zwischen dem Summanden S_n und dem Summanden S_{n+1} besteht also die Beziehung

$$S_n = S_{n-1} \frac{xn}{(n+3)}.$$

Im Flußdiagramm wird der Zyklus zur Berechnung der Funktionswerte f_i dann abgebrochen, wenn $|S_n| < \varepsilon$ ist (ε ist gegebene Genauigkeitsschranke).

Ü. 7.3.1. a) Richtig
b) Richtig
c) Richtig
d) Falsch, da reeller Exponent.
e) Richtig

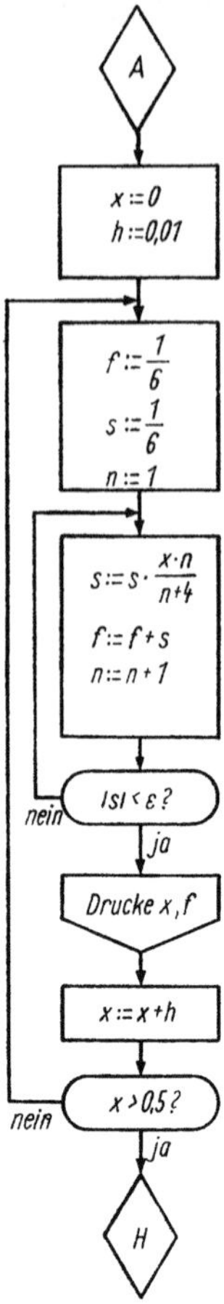

f) Richtig
g) Falsch, s. Tafel.
h) Richtig
i) Richtig

Ü. 7.3.2. a) 17,2 · 170,0 · 5 510 000,0

b) $\frac{8{,}3\,(0{,}0024 + 0{,}00753\mathrm{i})}{0{,}0029316}$

c) $\frac{1}{(0{,}661 \cdot 10^{-4})^4} \quad (\mathrm{x}+\mathrm{yi})$

d) Siehe oben.

e) $\frac{0{,}661\ 10^{-4}}{(\mathrm{x}+\mathrm{yi})^4}$

f) $\frac{\mathrm{x}_1+\mathrm{y}_1\mathrm{i}}{\mathrm{x}_2+\mathrm{y}_2\mathrm{i}}\,\mathrm{x}_2^{-\mathrm{y}_2}$

g) Siehe oben.

h) $\mathrm{n}_1\mathrm{n}_2^{\mathrm{n}_3}$

i) $\frac{1.614 \cdot 10^{-6} \cdot 2.7315 \cdot 10^{-4}}{5.007 \cdot 10^{-3}}$

Bild 12. Tabellierung der Funktion

$$f(x) = \sum_{\nu=0}^{\infty} \frac{x^{\nu}}{(\nu+1)(\nu+2)(\nu+3)}$$

Ü. 7.3.3. a) 36 · 2 * X * Y ** 2/(3.1591*Z**4)

b) (a**3)**N*B**(2**N)/C**4

Ü. 7.4.1. a) Richtig
b) Falsch
c) Richtig
d) Richtig
e) Richtig

Ü. 9.2. Falsch, da N ganzzahlig ist.

Ü. 9.4. Falsch, es müßte CABS heißen.

Ü. 10.9.1. a) —2.0.LE.X.AND.X.LE.3.0

Bild 13

b) A.LE.X.AND.X.LE.B.AND.O.LE.Y.AND.Y.LE.C.

Bild 14 zeigt die Punktmenge.

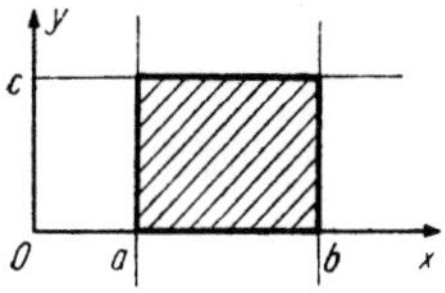

Bild 14

c) X*X+Y*Y.LT.1.0

d) Y.GT.O.AND.2.*X—Y+3.0.GT.0.AND.X+Y—6.0.LT.0

Bild 15 zeigt eine Punktmenge, die Punkte auf den Geraden gehören nicht zur Menge.

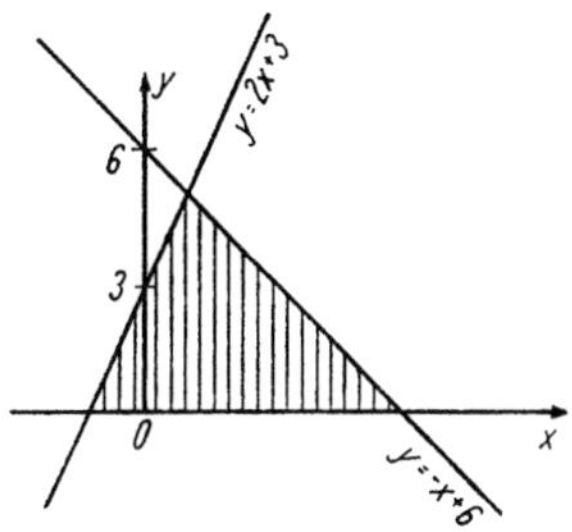

Bild 15

e) —3.0.LE.REAL(Z).AND.REAL(Z).LE.1.0

Bild 16, die Punkte auf den Geraden gehören zur Menge.

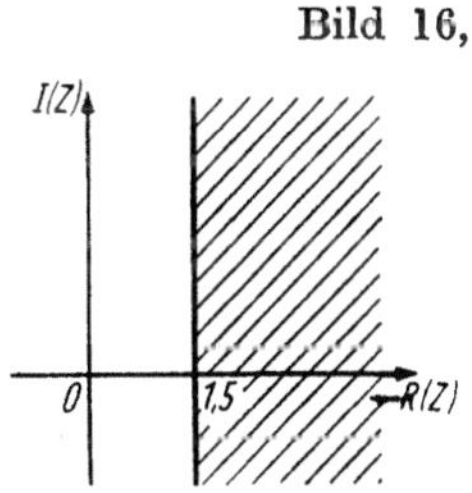

Bild 16

f) (REAL(Z)—REAL(ZO))**2 + (AIMAG(Z)—AIMAG(ZO))**2.LE.1.

Bild 17, die Punkte der Peripherie gehören zur Menge.

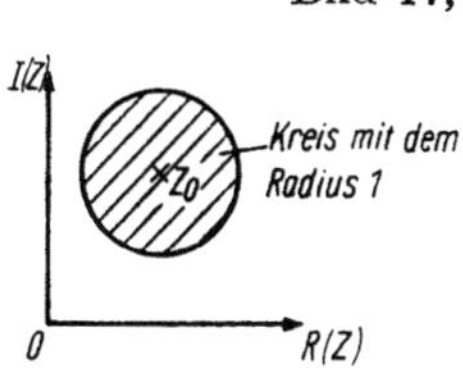

Bild 17

Ü. 10.9.2. a) $-3 < X \vee X < 3$

b) $1 - A^2 < X < 1 + A^2$

c) Bild 18, die Punkte der Geraden gehören zur Menge.

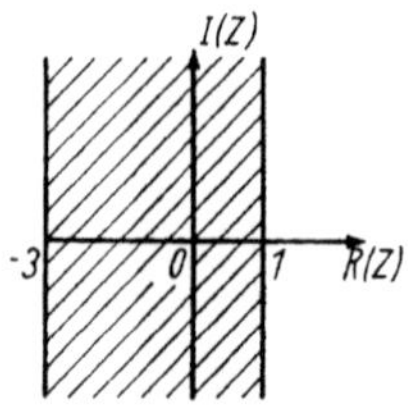

Bild 18

d)

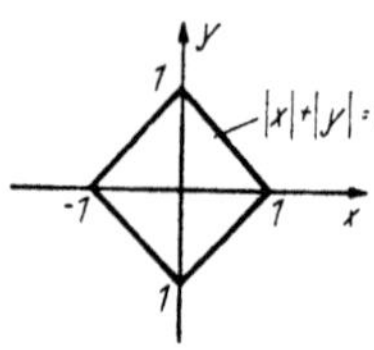

Bild 19

e) $Y \leqq \sqrt{X} \vee -X \leqq Y \wedge Y \leqq 0 \wedge X \geqq 0$

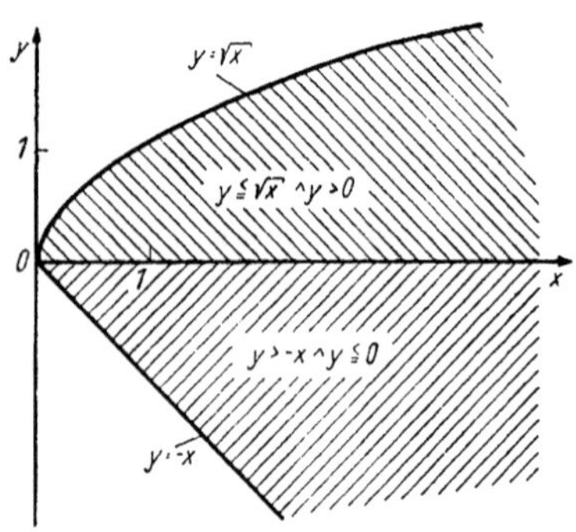

Bild 20

Ü. 10.9.3.

P	T	T	T	T	F	F	F	F
Q	T	T	F	F	T	T	F	F
R	T	F	T	F	T	F	T	F
a	T	F	F	F	T	F	F	F

Ü. 11.1.1. Falsch, da X vom Typ reell und I vom Typ ganzzahlig.

Ü. 11.1.2. Richtig

Ü. 11.1.3. Indizierung von B falsch, es muß heißen K+3, im übrigen vom Typ her richtig.

Ü. 11.1.4. Richtig

Ü. 11.2.1. .FALSE.

Ü. 11.2.2. .TRUE.

Ü. 11.2.3. .TRUE.

Ü. 11.2.4. Syntaktisch falsch.

Ü. 13.3.3. Das Flußdiagramm zeigt Bild 21.

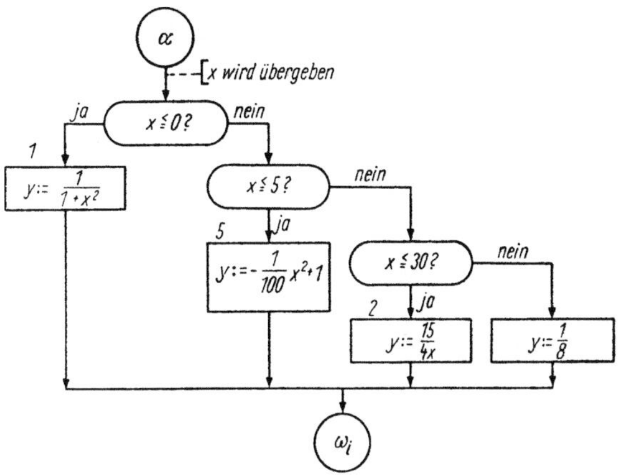

Bild 21

Danach ergibt sich folgendes **FORTRAN**-Programm:

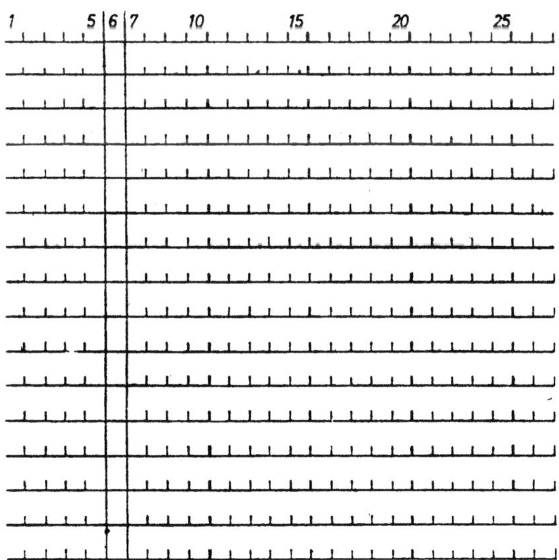

Die Listensprunganweisung legt dabei die Programmfortsetzung fest.

Bild 22 zeigt die Skizze des Funktionsverlaufs.

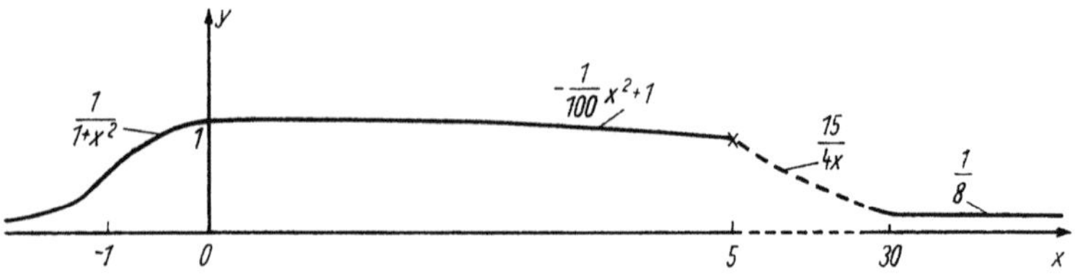

Bild 22

Ü. 15.1. P(x) = ((2,4x + 1,86)x —0,9325)x + 1,9

wäre in **FORTRAN**-Schreibweise:

P = ((2.4*X+1.86)*X—.9325)*X—1.414)*X+1.9

Ü. 15.2. Die logische Struktur zeigt Bild 23.

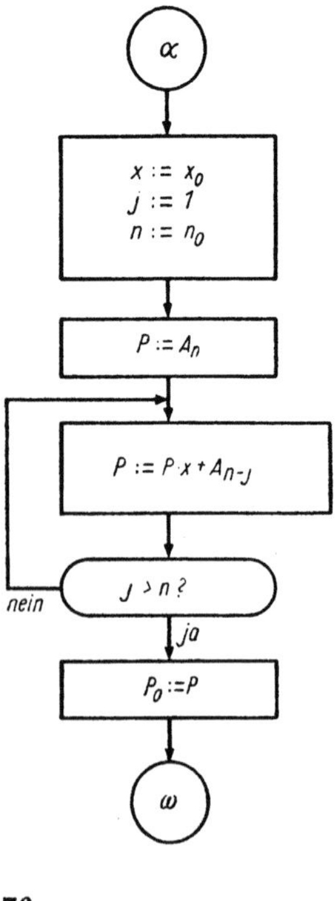

Bild 23

FORTRAN-Darstellung ohne Verwendung der Laufanweisung:

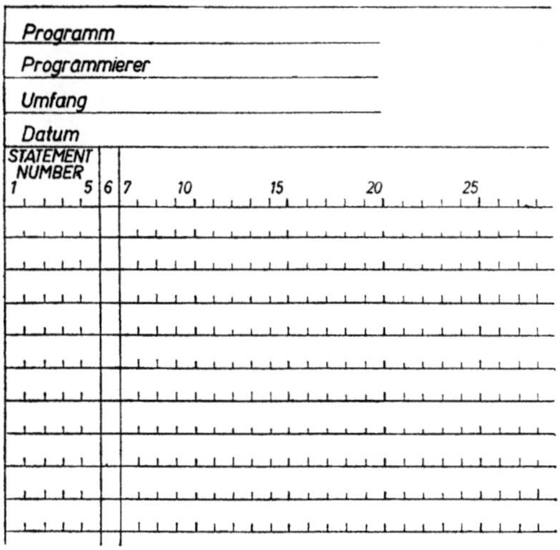

FORTRAN-Darstellung mit Verwendung der Laufanweisung:

```
  X=XO
  N=NO
  P=A(N)
  DO 1 I=1,N
  M=N—I
1 P=P*X+A(M)
  PO=P
```

Ü. 15.3. Die logische Struktur zeigt Bild 24. Die entsprechende Laufanweisung ist:

```
1 DO 2 I=1,30
2 P(I)=(((A(I)*X+B(I))*X
  +C(I))*X+D(I))*X+E(I)) PAUSE
```

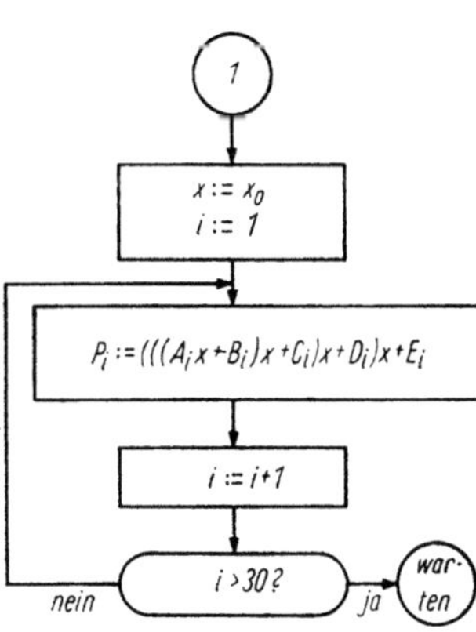

Bild 24

Ü. 15.4.

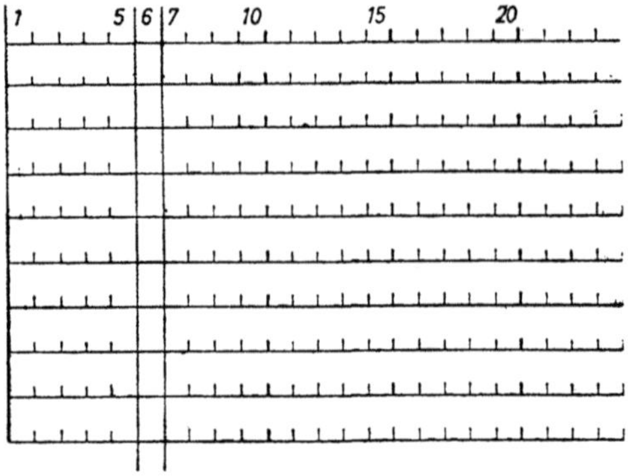

Ü. 16.2.1. Entsprechend dem im **Bild 25 dargestellten Flußdiagramm ergibt sich die FORTRAN-Darstellung von S. 79.**

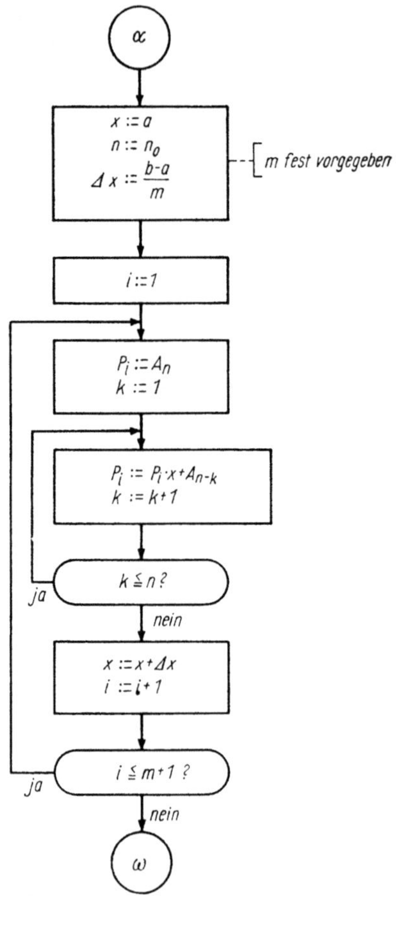

Bild 25

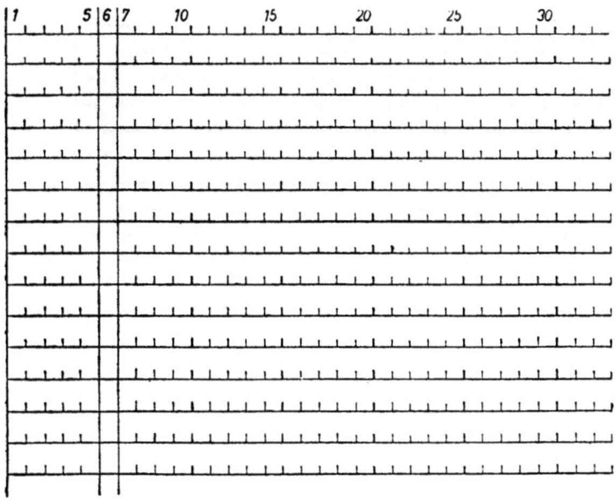

Ü. 16.2.2. Nach Bild 26 ergibt sich das Programm von S. 80.

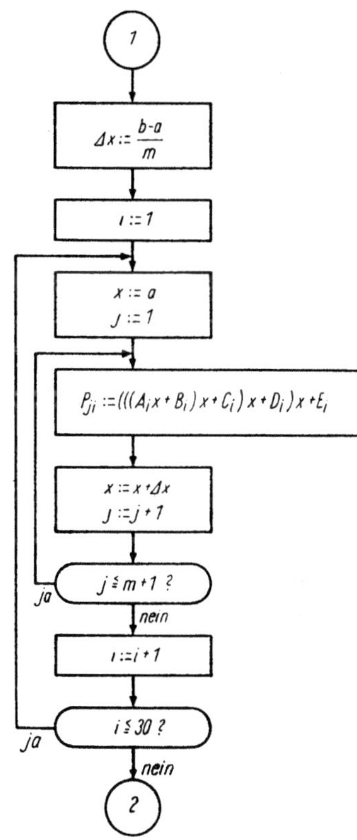

Bild 26

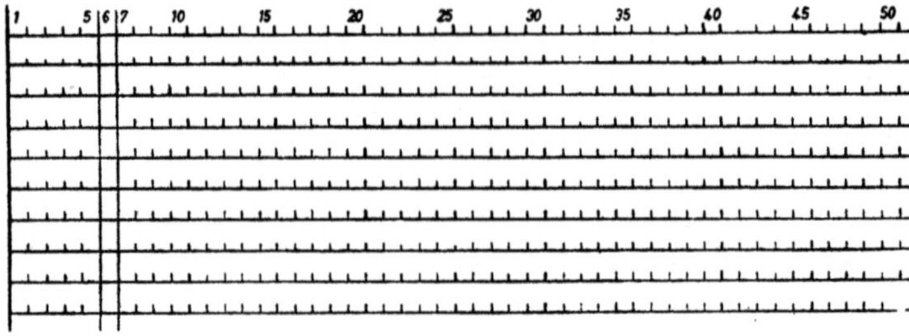

Ü. 16.2.3. Bild 27 zeigt das **Flußdiagramm** zur Matrizenmultiplikation. Eine entsprechende FORTRAN-Darstellung ist:

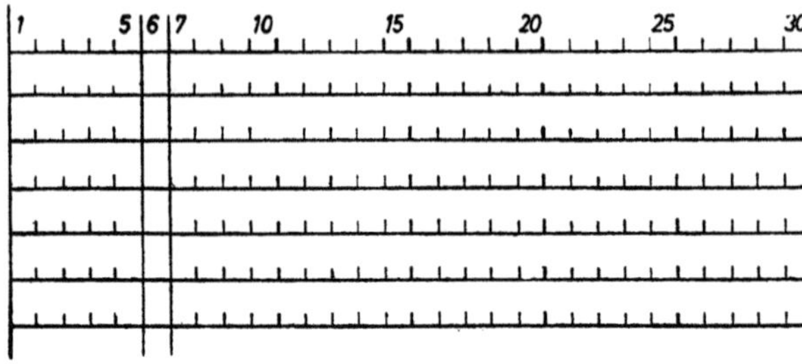

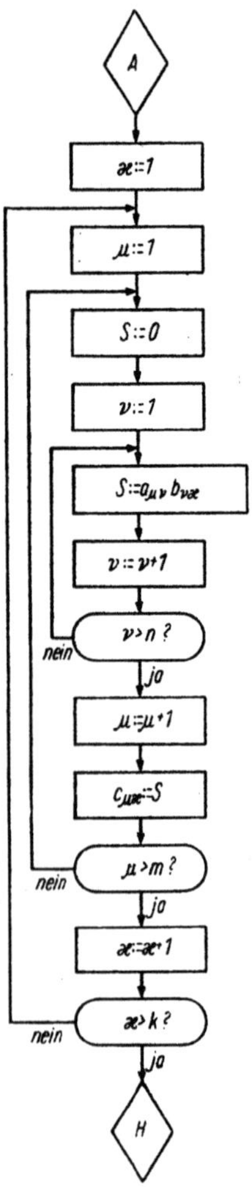

Ü. 18.2.1. EQUIVALENCE (X(3),Y(1)), weil X(3,1) drittes Feldelement ist.

Ü. 18.2.2. Durch die erste Zuordnung wird X(4), Y(3) und Z(4) der gleiche Speicherplatz zugewiesen, in der zweiten wird verlangt, daß X(4) und Y(4) gleiche Speicherplätze haben sollen.

Bild 27. Matrizenmultiplikation

Literaturverzeichnis

1. Zitierte Literatur

[1] Anonym: Programmierhandbuch für ROBOTRON 300. Leipzig: VEB Bürotechnik 1966.

[2] *Böttger, G.; Kadow, H.; Kerner, I.:* Programmieranweisung für den ZRA1. Berlin: VEB Verlag Technik 1964.

[3] *Güntsch, F. R.:* Einführung in die Programmierung digitaler Rechenautomaten. Berlin: Walter de Gruyter 1963.

[4] *Stuchlik, F.:* Programmgesteuerte Universalrechner. REIHE AUTOMATISIERUNGSTECHNIK Band 12. Berlin: VEB Verlag Technik 1964.

[5] *Naur, P.* (Herausgeber): Revised Report on the Algorithmic Language ALGOL 60. Num. Math. (1963).

[6] *Kerner, I.; Zielke, G.:* Einführung in die algorithmische Sprache ALGOL. Berlin: Verlag B. G. Teubner 1966.

[7] COBOL-61. Report to Conference on Data System Language, Department of Defense (1962).

[8] *Bär, D.:* Einführung in die elektronische Datenverarbeitung. REIHE AUTOMATISIERUNGSTECHNIK, Bände 42, 43 und 44. Berlin: VEB Verlag Technik 1966.

2. Literatur über FORTRAN

[9] *Hersing, W. P.:* History and Summery of FORTRAN Standardization Development for the ASA in Communications of the ACM. (1964) H. 10.

[10] *McCracken; Daniel, D.:* A Guide to FORTRAN Programming. New York: Wiley and Sons (1961).

[11] *Pollack, S. V.:* A Guide to FORTRAN IV. New York/London: Columbia University Press 1965.

[12] *Künzi, H. P.; Schilling, W.:* Einführung in die elektronische Datenverarbeitung. Zürich: Verlag Industrielle Organisation 1964.

[13] Firmenschrift: FORTRAN (1900 series), ICT Computer Publication, London (1966).

[14] Firmenschrift: BASIC FORTRAN IV (GE-400 SERIES). Reference Manual, General Electric (1966).

Sachwörterverzeichnis

GPSR Compliance

The European Union's (EU) General Product Safety Regulation (GPSR) is a set of rules that requires consumer products to be safe and our obligations to ensure this.

If you have any concerns about our products, you can contact us on ProductSafety@springernature.com

In case Publisher is established outside the EU, the EU authorized representative is:

Springer Nature Customer Service Center GmbH
Europaplatz 3
69115 Heidelberg, Germany

Batch number: 10577919

Printed by Printforce, the Netherlands